岭南雪乡金子山

——连山壮族瑶族自治县冰雪资源论述

郝全成　主编

气象出版社
China Meteorological Press

内 容 简 介

本书基于多年气象观测数据，科学分析了广东省连山县金子山地区的气候特点和立体气候特征，特别是冰雪气候资源禀赋，凸显了其在岭南地区的赏雪优势。同时编者还选用森林覆盖率、水质达标率、空气中的负氧离子数、空气优良天数等指标，展示了广东省连山县金子山冰雪资源稀有、森林茂密、动植物物种丰富、水质优良、山青水秀、空气生态关联指标领先，是岭南地区罕见的雪乡，也是名副其实的岭南赏雪胜地。全书最后，用金子山“一日有四季”的旖旎风光、连山县独特的壮瑶风情阐述和凝聚为：来金子山春可看山花烂漫、夏可观日出云海、秋可览三省风光、冬可赏罕见雪景，是登高览胜、探险猎奇、湾区赏雪的绝佳去处。本书内容科学、立论严谨，风土人情介绍独特，语言通俗易懂，描述深入浅出，图文并茂编排令人赏心悦目，可供特色气候资源开发从业人员借鉴参考，更可供旅游爱好者阅读。

图书在版编目（CIP）数据

岭南雪乡金子山 ：连山壮族瑶族自治县冰雪资源论述 / 郝全成主编. -- 北京 ：气象出版社，2023.7
ISBN 978-7-5029-8001-6

Ⅰ. ①岭… Ⅱ. ①郝… Ⅲ. ①雪－气候资源－研究－连山壮族瑶族自治县 Ⅳ. ①P426.63

中国国家版本馆CIP数据核字(2023)第128988号

岭南雪乡金子山
——连山壮族瑶族自治县冰雪资源论述
LINGNAN XUEXIANG JINZI SHAN
——LIANSHAN ZHUANGZU YAOZU ZIZHIXIAN BINGXUE ZIYUAN LUNSHU

出版发行：气象出版社
地　　址：北京市海淀区中关村南大街 46 号　　　邮　　编：100081
电　　话：010-68407112（总编室）　010-68408042（发行部）
网　　址：http://www.qxcbs.com　　　E-mail：qxcbs@cma.gov.cn
责任编辑：王元庆　　　终　　审：张　斌
责任校对：张硕杰　　　责任技编：赵相宁
封面设计：楠竹文化
印　　刷：北京建宏印刷有限公司
开　　本：710 mm × 1000 mm　1/16　　　印　　张：6
字　　数：87 千字
版　　次：2023 年 7 月第 1 版　　　印　　次：2023 年 7 月第 1 次印刷
定　　价：48.00 元

《岭南雪乡金子山
——连山壮族瑶族自治县冰雪资源论述》

编委会

主　　编： 郝全成

副 主 编： 黄观荣　罗晓玲　刘　畅　张　羽
饶方成　陈卓煌

编写人员： 杨少英　朱　勇　张　骥　吴善材
肖宇坤　植　彬　史　丽　邓福兴
蒙誉心　杨小佳　万碧瑜　陈雯超
刘爱君　李芷卉　欧阳思琪

前　言

党的二十大指出，必须牢固树立和践行“绿水青山就是金山银山”的理念，站在人与自然和谐共生的高度谋划发展。气候是自然生态系统中最活跃的因素，是山水林田湖草生命共同体的重要纽带，更是人类社会赖以生存和发展的基础。秀美的山水和优良的生态与独特气候息息相关，开发特色气候资源是贯彻《广东省气候资源保护和开发利用条例》的具体举措，更是气象部门服务绿美广东建设、助力广东高质量发展的有力抓手。

连山县金子山拥有极高的森林覆盖率、丰富的野生动植物群落，竹海、瀑布、溪流等随处可见。因东亚季风和地形地貌共同影响，造就了金子山得天独厚的“夏避酷暑，冬赏冰雪”气候禀赋。本书以连山地区气象观测数据为基础，充分利用大数据技术，对连山县金子山的冰雪气候资源优势进行了科学阐释。全书共分9章，前6章重点介绍了连山县金子山的概况、气候特征、生态环境、冰雪气候特征、冰雪景观、自然风光等内容；第7章主要介绍了连山县金子山的旅游配套设施及当地特色风俗民情；第8、9章根据连山县金子山实际“软硬件”情况，展望了持续深挖岭南稀有冰雪资源价值的美好前景。

本书旨在全力呈现连山县金子山稀有冰雪资源价值，给读者以多方面的思考和帮助。本书的出版，得益于气象出版社的大力支持和广东省气象局、广东省气象学会及有关领导、专家的指导和帮助，也得到连山县委县政府及当地企业家的协作和帮助，在此一并表示感谢！

由于作者水平和客观条件有限，本书难免存在不足之处，敬请读者批评指正。

本书编委会

2023年3月1日

目录

Contents

第 1 章 金子山概况

金子山原生态旅游休闲度假景区座落于广东连山林场省级生态公益林保护区内，距连山县城 20 km，距湖南江华县 30 km，距广西贺州市 90 km，是粤湘桂三省（区）边界风光游的必经之地。从珠江三角洲城市群到达景区，基本上处于 3 小时交通圈内。金子山最高峰海拔 1417 m，为广东第八高峰，是当地壮族人心中的神山，曾在中国国家地理网评选中国十大“非著名”山峰中雄居榜首。

金子山是壮、瑶族民间广泛崇奉的神山，也是集大山森林旅游、登山徒步、祈福许愿、观光览胜、康体养生、运动休闲、探险猎奇、科普生态及三省（区）自驾车游接待基地为一体的综合性旅游度假景区。被国家旅游局评为国家 AAAA 级旅游景区。

来到金子山，可以欣赏到独特的高山、森林、竹海、山花、奇石、云海、冰雪、瀑布、雾凇等岭南罕有的景观，奇石异卉、花红草绿、千涧万壑、峻岭高峰、山清水秀、林海云飘。最惊险刺激的是攀登金子山的爱情天梯与玻璃廊桥。天梯长 500 多米，999 级阶梯，坡度 80°，几乎垂直挂在山上。按照传说故事，天梯下面是凡间，天梯上面是仙境，走过天梯就进入了天庭，成为仙人了。

金子山是座美女峰，其山之美，有大明皇太后李唐妹化身的“皇后峰”，故得“岭南美女峰”与“瑶家皇后山”之美誉；因山顶两大主峰酷似金元宝，及明孝宗皇帝赠予当地瑶家人金银财宝的传说，故有“明代财宝山”之誉；其山之奇、险、陡、峭、峻，“云石天梯”近乎垂直，被游客称为“岭南险峰”与“南粤华山”；金子山是岭南赏雪景区之一，年年冬春降雪，被广东人称为“广东雪山”(图 1.1)。

金子山四周群山环抱，山上植被为原始次生林，峡谷四周山峦起伏多变，风景优美，动植物种类丰富，品种众多，资源以高山、森林、奇石、冰雪、云海、瀑布、溪流、毛竹为主，为发展旅游休闲度假项目提供了优越的资源与地貌条件。形成了春赏杜鹃、夏避酷暑、秋观云海红枫、冬玩冰雪的季节产品体系。

目前景区已经建成开放的景点有：皇后峰、仙人醉酒、山楂花园、流云飞瀑、通天天梯、云海蓬莱、奇石松涛、春花园、冰雪雾凇、高山森林滑道、通天索道、广东省海拔最高的玻璃廊桥与观景平台等 20 多个。

图 1.1　金子山风景区全景图

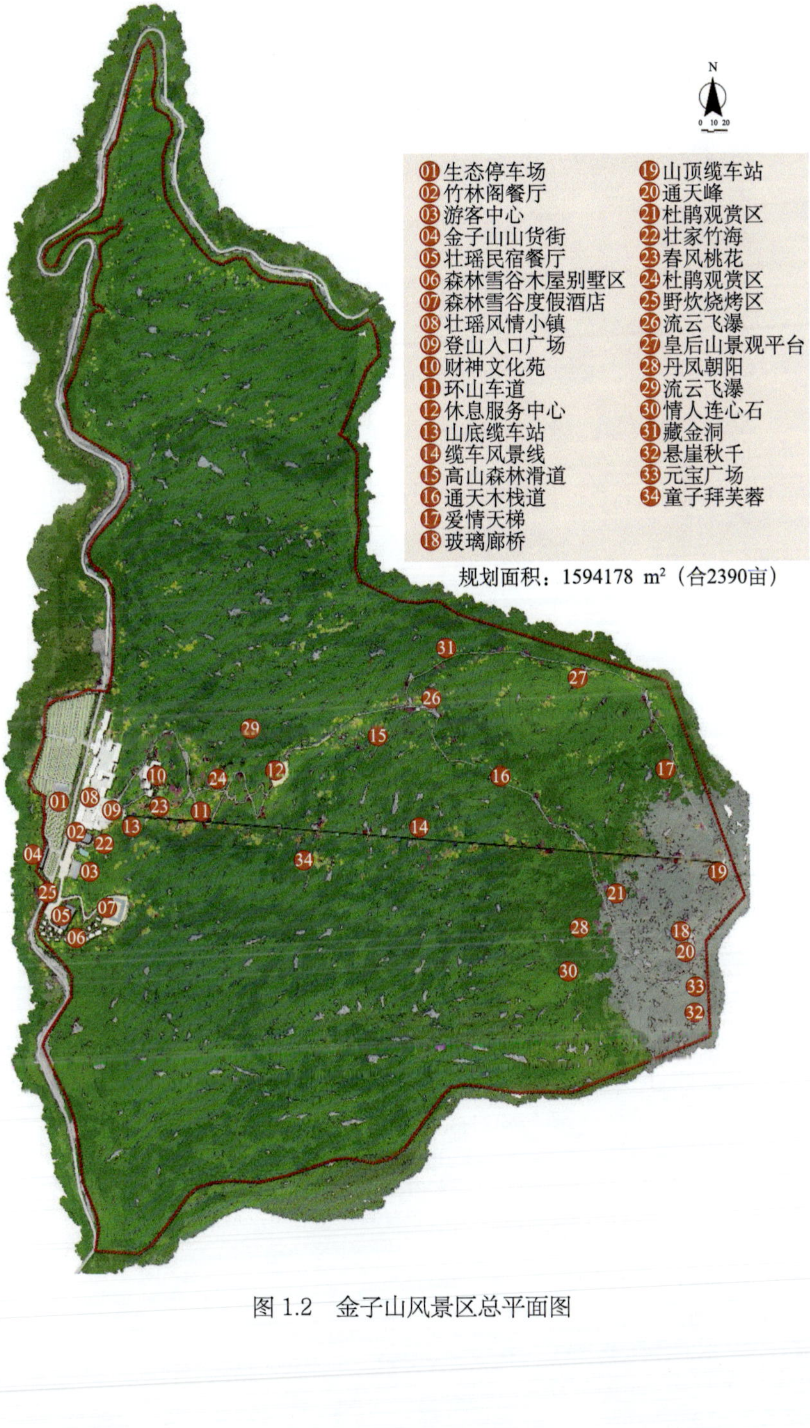

图 1.2　金子山风景区总平面图

第2章

气候特征

连山壮族瑶族自治县，隶属广东省清远市，地处南岭五岭之一的萌诸山脉之中，位于粤、湘、桂三省（区）结合部，属中亚热带季风气候。整体气候特征表现为四季分明，夏凉秋爽，冬雪春润，雨量充沛，风和气清，日照温和。因地形错综复杂，地势高低悬殊，森林覆盖率高，山地气候特征和森林气候特征明显。连山县境内气候资源丰富，气候特征差异明显，造就了连山县特有的自然景观、生物品种、物产的多样性，山清水秀，空气清新，植被葱郁，土地肥沃，物产丰富。这里既无工业之污染，又无城市之喧嚣，更有丰富多彩的民族风情，是宜居旅游休闲胜地。2018 年被评为中国气候宜居县。

因金子山实地气象观测资料的时间长度较短，以下主要分析其所在地连山县气候特征（以连山国家站和区域站为代表气象站），并按照区域站反演的气温随海拔高度变化的梯度推算金子山气温。从气温、降水、相对湿度、天气现象等气象要素的相关性原理，我们可以认识金子山具备的生成霜、雾凇、雨凇和冰雪等天气现象的物理基础，并大概了解金子山气候特征。

2.1 四季分明，夏凉秋爽，冬雪春润

连山县年平均气温整体随着海拔高度和纬度的升高而降低，且受季节和地形影响较大。就全县而言，县城所在地吉田镇、福堂镇及小三江年平均气温较其他乡镇高，县城北部三个乡镇永和、太保、禾洞及南部上帅镇年平均气温较低，禾洞北部村落和太保北部村落年平均气温最低。连山县年平均气温（1962—2019 年）19.0 ℃，1 月气温最低，为 9.0 ℃，7 月最高，为 26.9 ℃（图 2.1）；四季平均气温分别为春季（3—5 月）19.2 ℃、夏季（6—8 月）26.3 ℃、秋季（9—11 月）20.0 ℃、冬季（12 月—次年 2 月）10.2 ℃。从多年平均气温和各季节气温来看，连山县总体气温较温和（图 2.2、图 2.3、图 2.7）。

按照气候季节划分标准（注：春、秋季平均气温介于 10～22 ℃、夏季平均气温≥22 ℃，冬季平均气温≤10 ℃），连山县四季分明。2 月 15 日入春，5 月 5 日结束，春季长达 80 d；5 月 6 日入夏，10 月 5 日结束，夏季长达 153 d；10 月 6 日入秋，12 月 5 日结束，秋季长达 61 d；12 月 6 日入冬，于次年 2 月 14 日结束，冬季长达 71 d。

15～25 ℃是人体感觉最舒适的环境温度，连山县 1962—2019 年平均温度适宜日数有近 156 d，占全年的 43%，3—6 月、9—11 月的适宜温度日数多，其中 10 月最多，为 28.4 d，4 月和 5 月也均超过 20 d。连山县 1962—2019 年年平均高温日数（日最高气温≥35 ℃的天数）仅 10.7 d。自 1962 年有气象记录以来未出现热夜（日最低气温≥28 ℃的日数），相较武汉（13.8 d）、南昌（10.8 d）、深圳（9 d）、长沙（7.9 d）、上海（7.4 d）、合肥（5.5 d）、重庆（4.7 d）、广州和杭州（3.7 d）、南京（3.4 d）等城市，避暑适宜性有明显优势。连山县年极端最高温 39.4 ℃（出现在 2007 年 8 月 8 日），较全省极端最高气温（42 ℃，韶关，1953 年 8 月 12 日）偏低 2.6 ℃。年平均低温日数 42.1 d（日最低气温≤5 ℃的日数），极端最低气温 -6.0 ℃（1999 年 12 月 23 日），较全省极端最低气温（-7.3 ℃，梅州 1955 年 1 月 12 日）偏高 1.3 ℃。

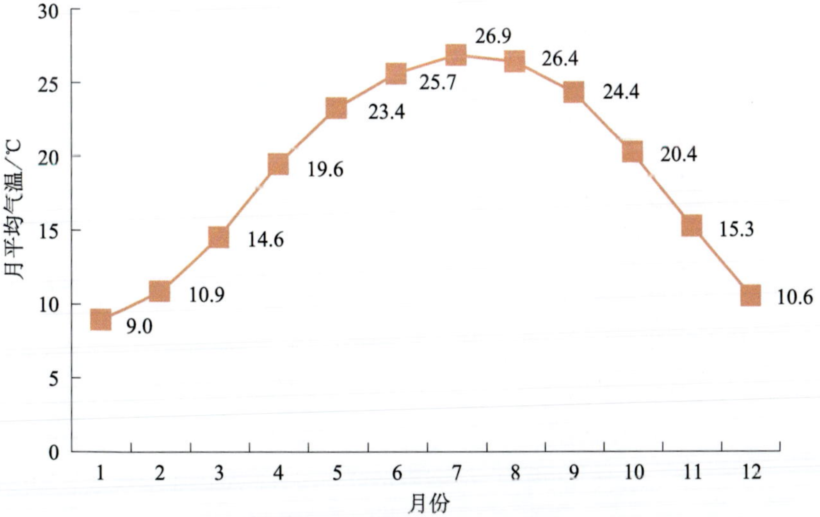

图 2.1　连山县各月平均气温变化

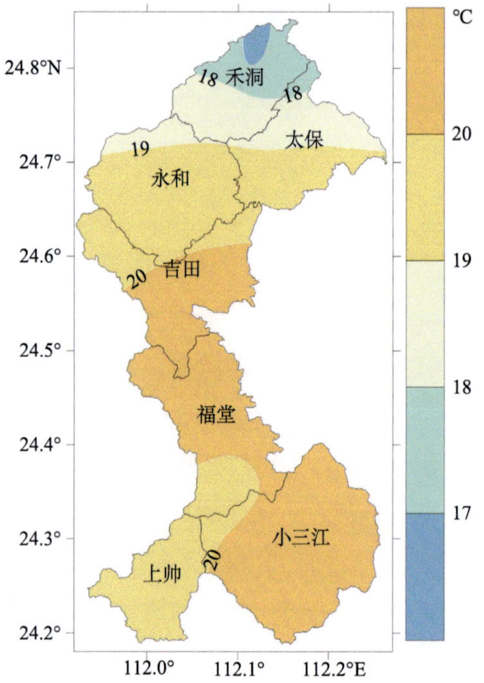

图 2.2　连山县年平均气温空间分布

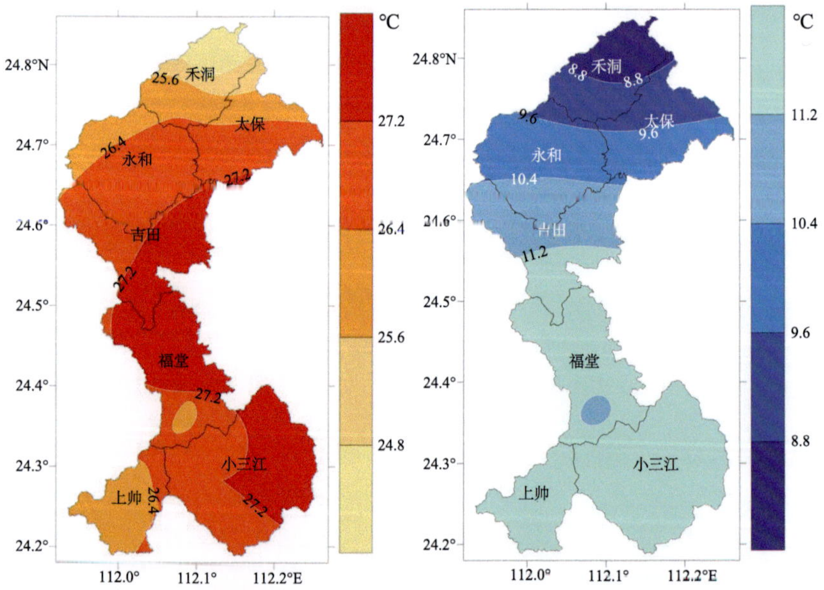

图 2.3　连山县多年夏季（左）和冬季（右）平均气温空间分布

连山县夏季温度垂直变化率为 0.4 ℃/100 m，冬季为 0.42 ℃/100 m，冬季温度垂直变化明显较夏季剧烈（图 2.4）。

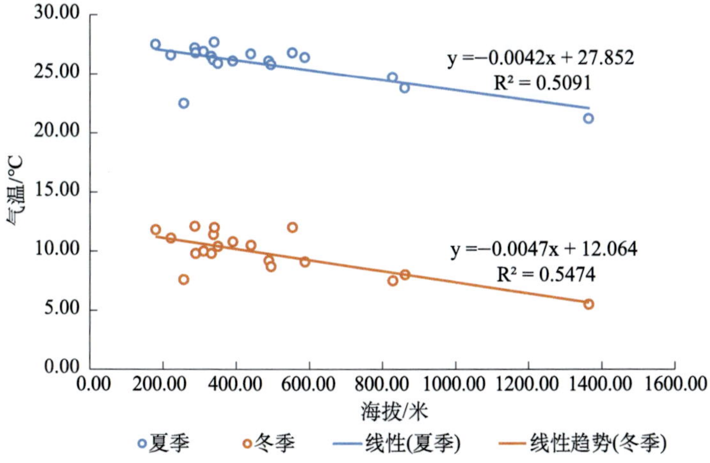

图 2.4　连山县夏季和冬季气温垂直变化特征

连山县气温平均日较差 9.2 ℃，气温最大日较差 13.1 ℃，气温最小日较差 6.1 ℃（图 2.5），气温日较差较大，不但有利于人们避暑纳凉、提高舒适感，同时有利于形成农作物优良品质。从其多年平均逐日气温日较差来看，2 月下旬到 4 月中旬气温日较差较低，11 月到 12 月气温日较差较高。

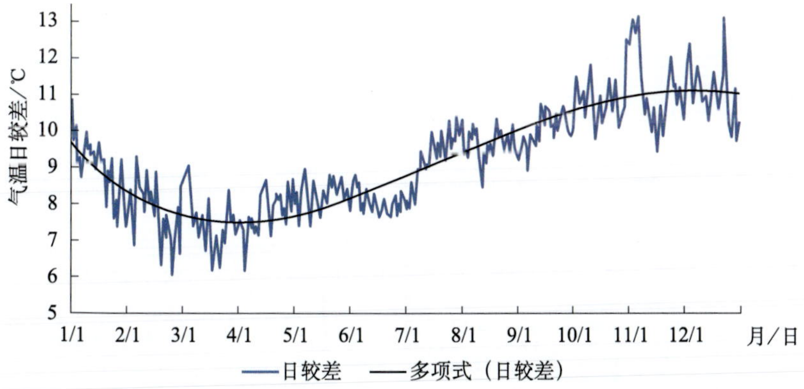

图 2.5　连山县 1962—2019 年平均逐日气温日较差

连山县 1962—2019 年年平均气温呈增温趋势，以 0.13 ℃/10 a

的速率增加（图 2.6），略低于广东省同期平均升温速率（0.18 ℃ /10 a），远低于全国平均升温速率（0.28 ℃ /10 a）。四季均呈现增温趋势，但增温幅度存在明显差异（图 2.7），冬季、秋季、春季增温相对较明显，升温速率分别为 0.2 ℃ /10 a、0.17 ℃ /10 a、0.13 ℃ /10 a。夏季增温不明显，升温速率仅为 0.05 ℃ /10 a。具体表现为连山县酷暑天气无增加或略有增加，但是低温天气趋于减少，即连山县气温不仅适宜避暑，同时也更加有利于发展冬休旅游。

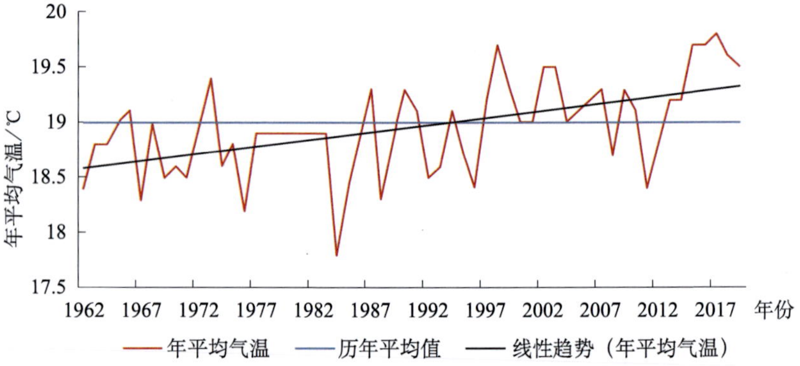

图 2.6 连山县 1962—2019 年年平均气温随时间变化

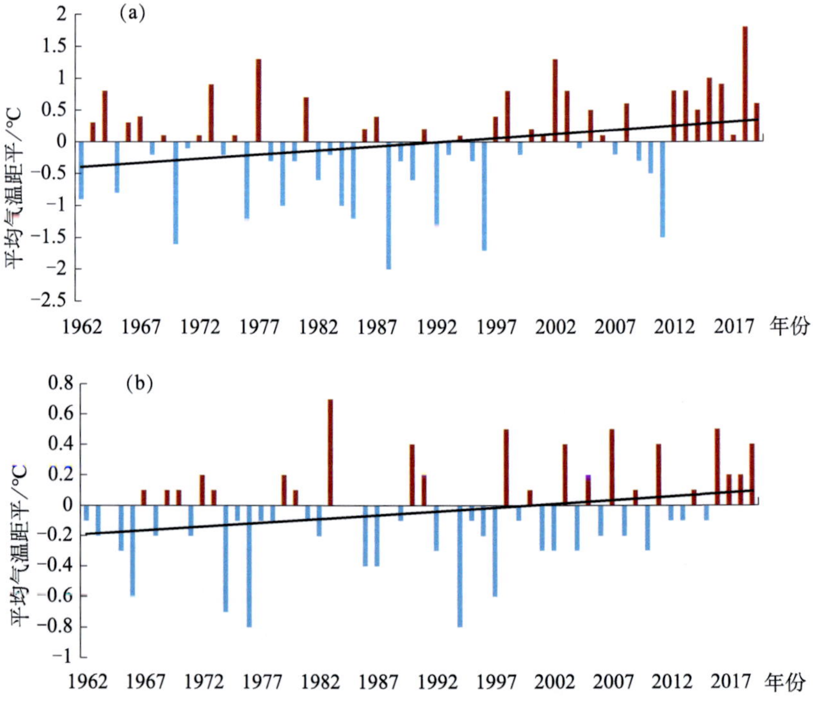

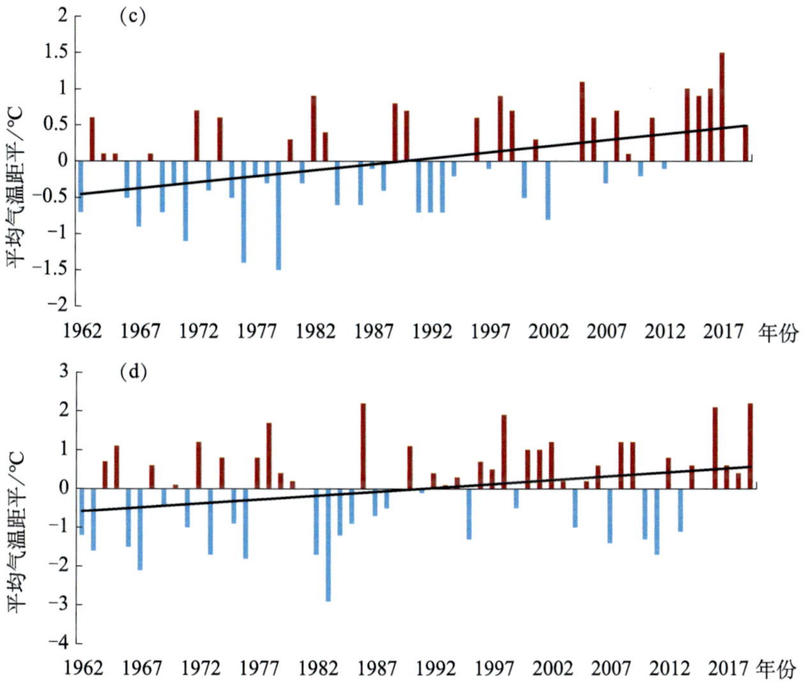

图 2.7　连山县 1962—2019 年春夏秋冬四季平均气温随时间变化
((a) 春季平均气温距平；(b) 夏季平均气温距平；(c) 秋季平均气温距平；(d) 冬季平均气温距平)

2.2　雨量充沛，生物繁茂

连山县 1962—2019 年年平均降水量 1756.6 mm，比广东省常年平均降水量（1789.3 mm）偏少 32.7 mm。多年月平均降水量在 47.9（12 月）～291.0 mm（5 月）。从季节分配来看，连山县春、夏季降水多，秋、冬季降水少。春季（3—5 月）降水量 666.1 mm，占全年降水总量的 37.9%，是全年降水最多的季节。夏季（6—8 月）降水量达 642.6 mm，占全年降水总量的 36.6%，秋季（9—11 月）降水量达 229.0 mm，占全年降水总量的 13.0%，冬季（12 月—次年 2 月）降水量达 218.9 mm，占全年降水总量的 12.5%。

连山县年平均雨日 191.7 d，历年平均四季雨日分别为 60.2 d（春季）、58.6 d（夏季）、33.2 d（秋季）、39.7 d（冬季）。可以看出，连山春夏季雨日较多，秋冬季次之。

综上所述，连山县降水较为充沛，境内地表水源及地下水源能得到有效补充，因此，动植物资源丰富，生物多样性特征显著，处处生机盎然，形成了众多的河流、飞瀑、湖泊等自然景观。

连山县 1962—2019 年年平均降水量变化趋势不明显，降水日数前期趋于减少，后期趋于平稳，降水对区域环境的影响总体平稳（图 2.8～图 2.13）。

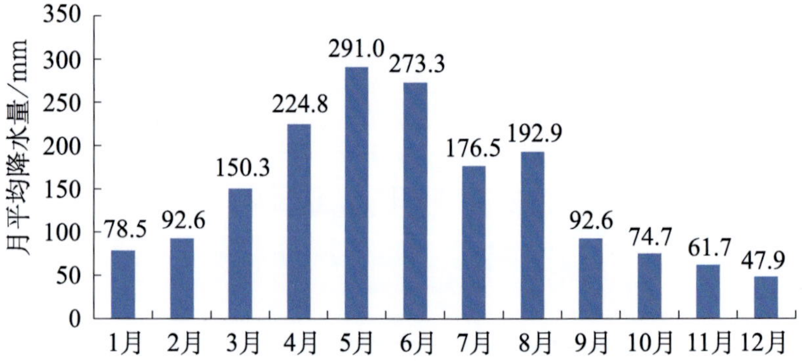

图 2.8　连山县 1962—2019 年月平均降水量变化

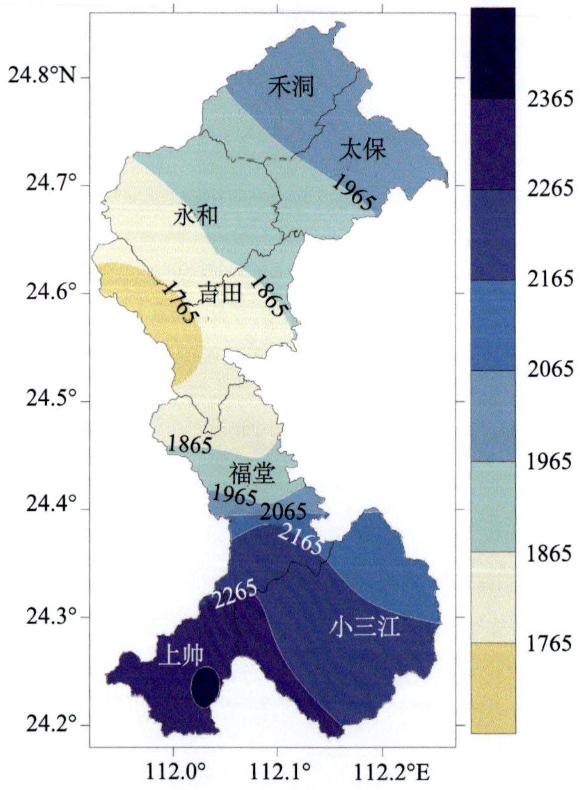

图 2.9　连山县多年平均降水量空间分布（单位：mm）

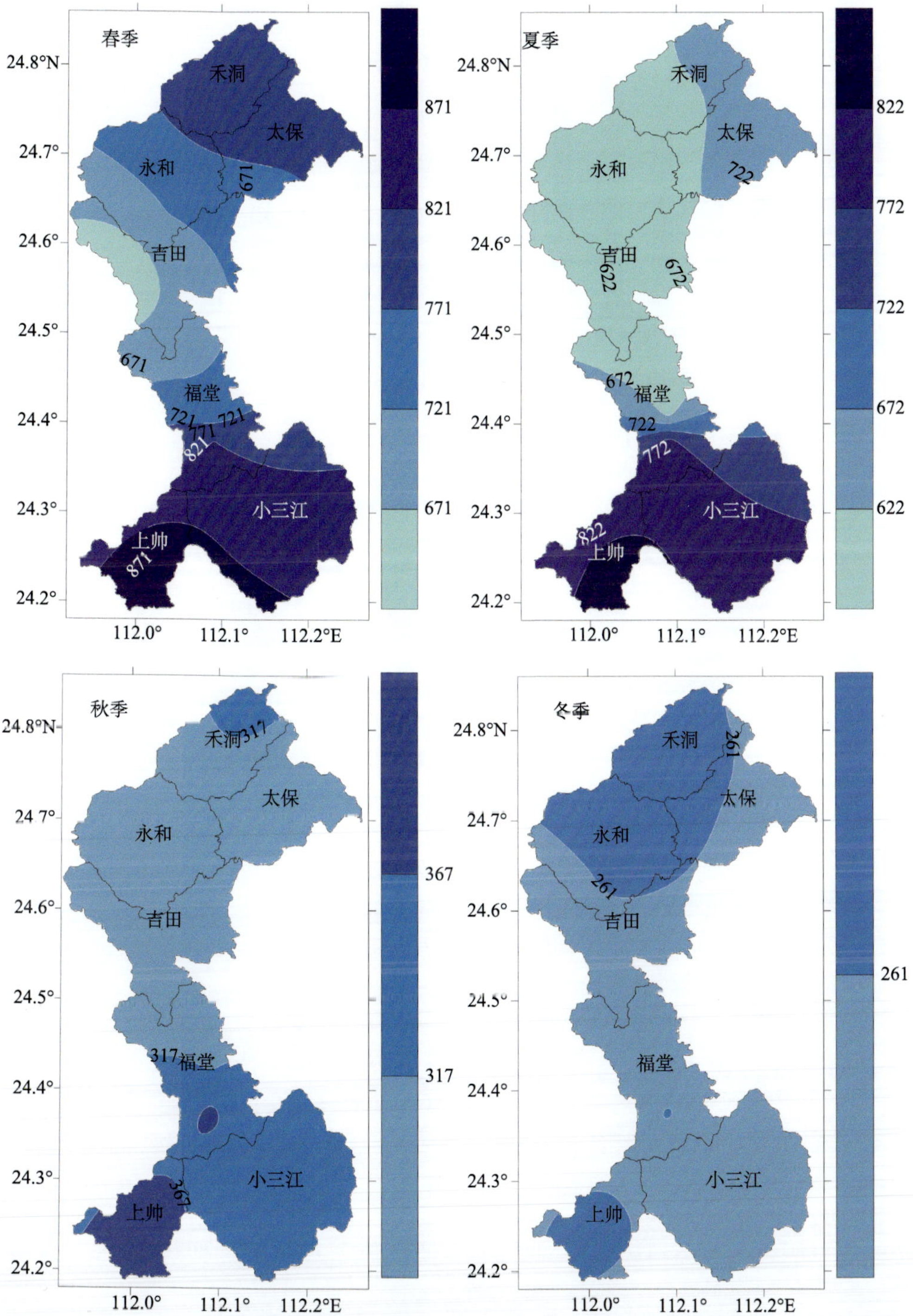

图 2.10　连山县四季降水量空间分布（单位：mm）

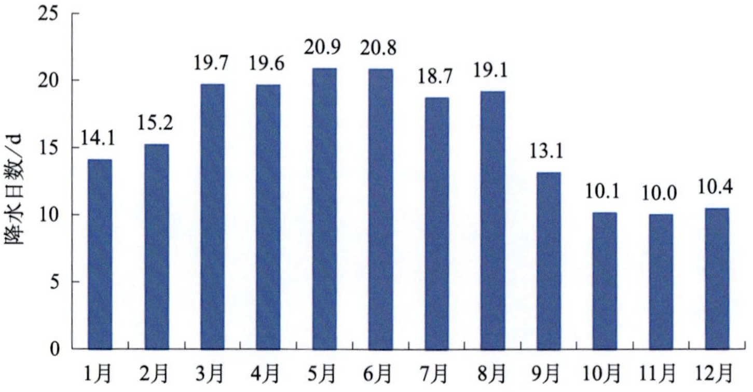

图 2.11 连山县 1962—2019 年各月平均降水日数变化

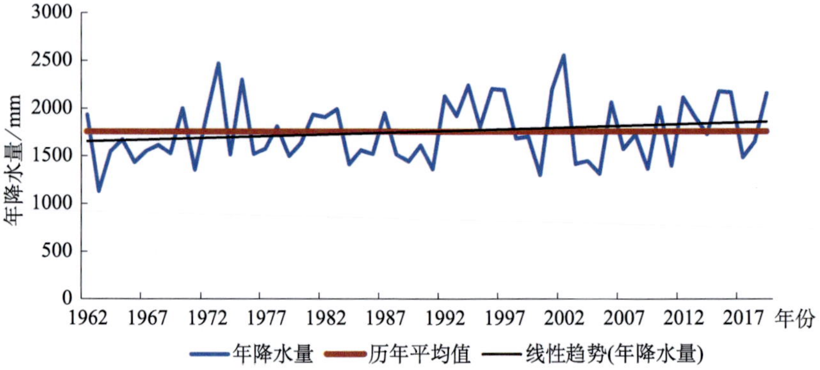

图 2.12 连山县 1962—2019 年逐年降水量变化

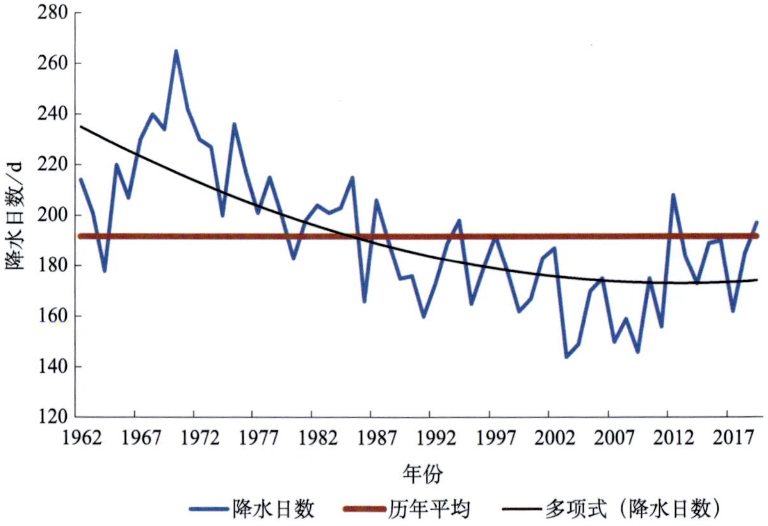

图 2.13 连山县 1962—2019 年逐年降水日数变化

2.3　湿度适宜，温润清新

连山县 1962—2019 年年平均相对湿度为 81.6%，从连山 58 年逐月相对湿度资料可见，相对湿度最大值出现在 6 月，为 84.5%；最小值出现在 12 月，为 77.1%（图 2.14）。从季节变化来看，春季和夏季最大，均为 84.0%；秋季次之，为 80.0%；冬季最小，为 79.0%。

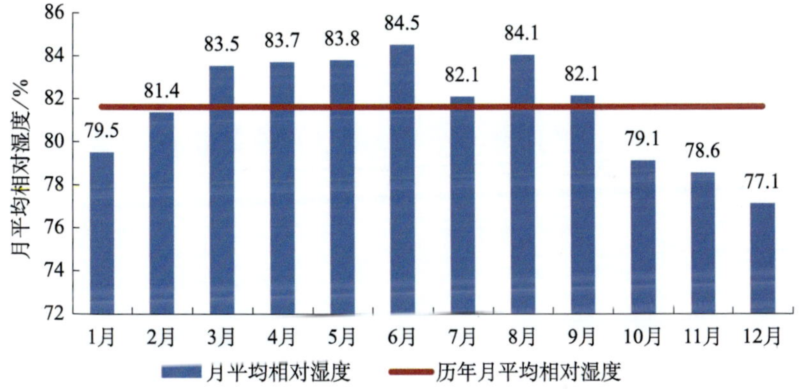

图 2.14　连山县 1962—2019 年多年月平均相对湿度变化

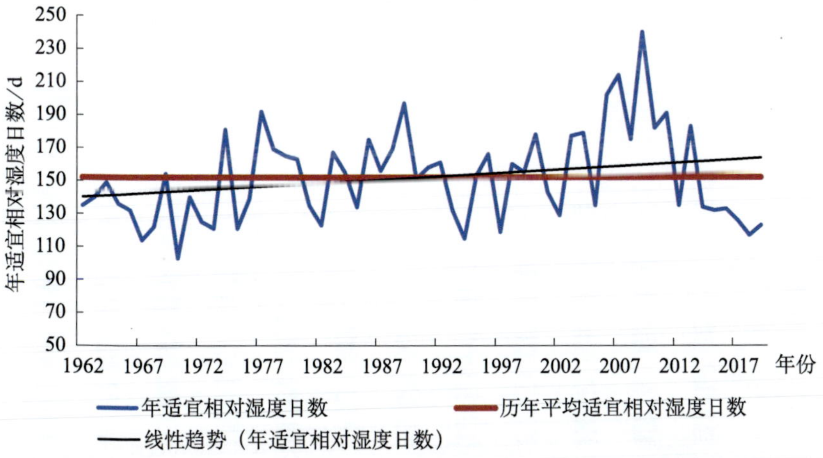

图 2.15　连山县 1962—2019 年逐年适宜相对湿度日数变化

如图 2.15，连山县 1962—2019 年年平均适宜相对湿度

（50%~80%）日数为 151.9 d，年适宜相对湿度日数呈增加趋势，增加速率为 4 d/10 a。从季节分布来看，冬季适宜相对湿度日数最多，为 46.0 d，其次为秋季（45.4 d）和春季（31.6 d），夏季最少，为 29.0 d。

连山县位于北纬 24°10′—24°51′之间，属于中亚热带地区，受到海洋性气候影响较沿海地区弱，从而空气不至于太过潮湿，同时也不至于太干燥，湿度条件适宜，对人体和动植物生长生活十分有益。

2.4 气压平稳，吐纳舒畅

连山县 1962—2019 年年平均气压为 979.9 hPa，从连山县自 1962 年以来逐月气压资料可见，春季为 979.0 hPa，夏季 972.2 hPa（最低），秋季 981.7 hPa，冬季 987.0 hPa（最高），其中夏季气压比年平均气压低了 7.7 hPa。从多年月平均气压分布来看，全年呈“U”型变化，1—3 月、10—12 月较高，4—9 月较低，最高月（12 月）987.9 hPa，最低月（7 月）971.9 hPa，符合气压年内变化规律（图 2.16）。

连山县气压条件平稳，高低适中，不易让人产生压抑、郁闷情绪，非常有利于人体身心健康，是康养和旅游的好去处。

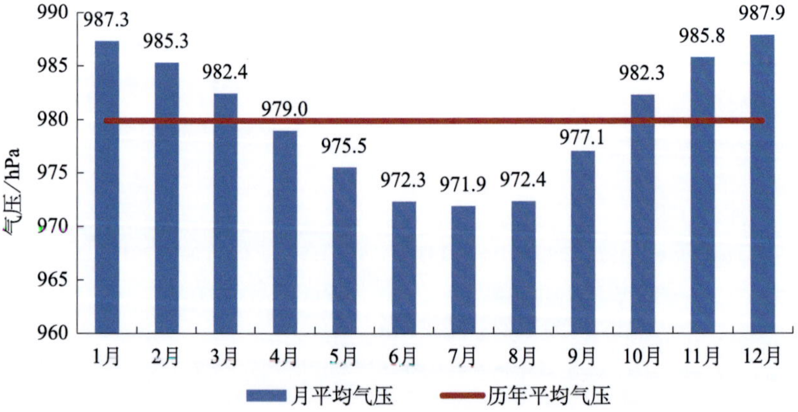

图 2.16　连山县 1962—2019 年多年月平均气压变化

2.5　和风轻拂，心旷神怡

连山县 1962—2019 年年平均风速为 1.3 m/s，从季节分布来看，冬、春季最高，均为 1.4 m/s，夏季 1.3 m/s，秋季最低，为 1.2 m/s。从月平均风速分布来看，各月平均风速介于 1.1（8 月、9 月）～1.5 m/s（2 月、3 月、4 月），为蒲氏风力等级的和风级别（图 2.17）。连山县年平均小风日数 283.2 d，占全年的 77.6%。自 1962 年以来，连山县年小风日数 236.0 d 以上，其中 2019 年的小风日数最多，为 332 d（图 2.18）。连山县通风散热条件良好，小风日数多，轻柔的小风让人体感觉最为舒适。

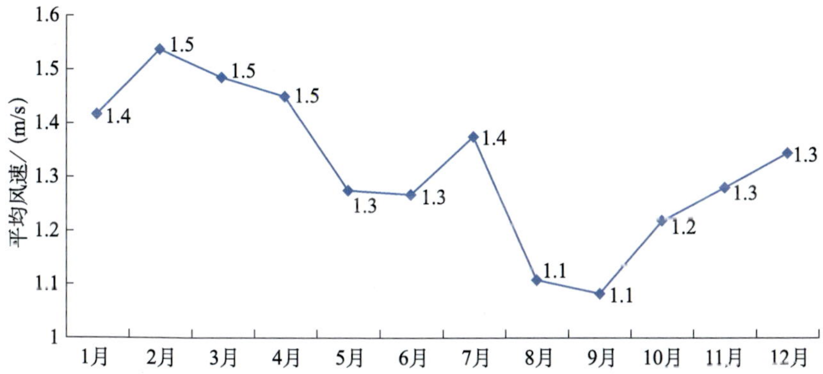

图 2.17　连山县 1962—2019 年逐月平均风速变化

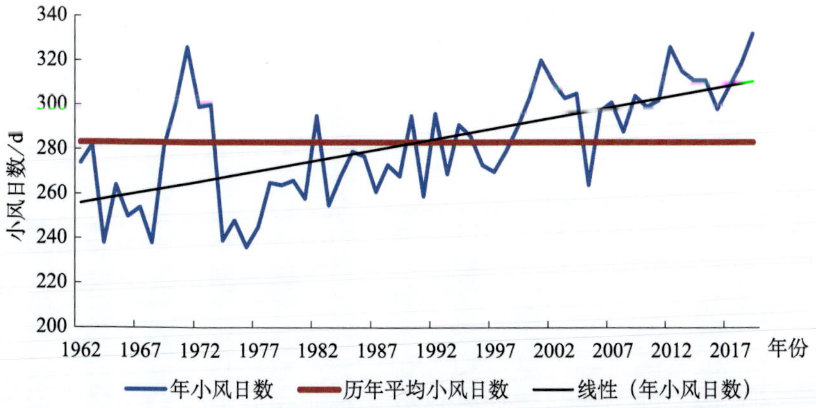

图 2.18　连山县 1962—2019 年逐年小风日数变化

2.6 日照温和，生机勃勃

连山县 1962—2019 年年平均日照时数 1386.2 h，从季节分布来看，夏季最高（461.1 h），秋季次之（438.6 h），冬季（258.1 h），春季最低（228.4 h）。自 1962 年以来，连山县日照时数呈减少趋势，减少速率为 4 h/10 a（图 2.19）。从月平均日照时数分布来看，7 月最高（178.7 h），3 月最低（56.8 h）（图 2.20）。

连山县日照温和，热量资源丰富，成为有机稻、大肉姜、沙田柚、柑橘、淮山、莲藕、甜竹笋、南药等特色农产品的重要生产基地。

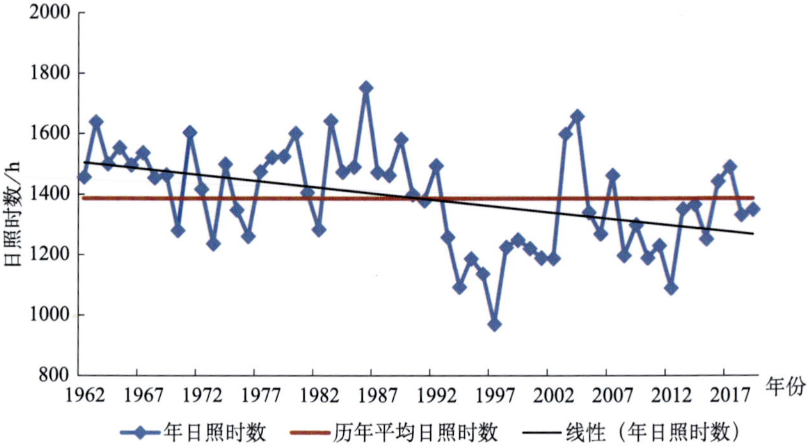

图 2.19 连山县 1962—2019 年逐年日照时数变化

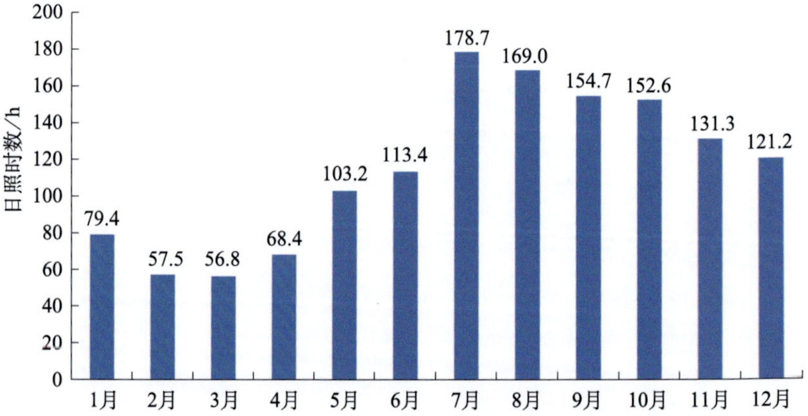

图 2.20 连山县 1962—2019 年多年逐月日照时数变化

2.7　金子山气温条件

按照气温与海拔高度的关系推算，1962—2019 年连山县多年平均气温为 19 ℃，金子山山顶（1417 m 处）12.3 ℃；连山县冬季（12 月—次年 2 月）多年平均气温 10.2 ℃，金子山山顶 3.5 ℃；连山县冬季（12 月—次年 2 月）多年平均最低气温 6.5 ℃，金子山（山顶）-0.2 ℃；连山县极端最低气温 -6.0 ℃，金子山山顶 -12.7 ℃。

形成金子山雪景的天气现象，不仅有冰、雪，还有霜、雨凇、雾凇这些不同形成原因的天气现象。根据《地面气象观测规范》，霜是水汽直接凝华而成或由露冻结而成，发生的天气条件是晴朗微风湿度大的夜间，地面温度在 0 ℃以下。雾凇是过冷却雾滴在物体迎风面冻结或严寒时空气中水汽凝华而成，发生的天气条件是气温较低（-3 ℃以下），有雾或湿度大时。雨凇是过冷雨滴或毛毛雨滴在物体（低于 0 ℃）上冻结而成，发生的天气条件是气温稍低，有雨或毛毛雨下降时。因此，低温是生成霜、雨凇、雾凇和冰、雪等天气现象的首要条件，也是雪景形成的必要条件。金子山山顶多年冬季平均气温 3.5 ℃，地面温度可达 0 ℃以下，有利于包含霜、雨凇、雾凇、冰、雪等雪景的生成。

第3章 金子山生态环境

金子山景区拥有完好的原生态环境，森林覆盖率达 90%，空气清新、水质纯净，有奇特的天然山石景观，还有完好的原始森林群落、珍稀的野生动物，生物多样性丰富，拥有得天独厚的原始森林、溪流、瀑布、植物等养生资源。

3.1　空气清新

2016—2019 年，连山县二氧化硫、二氧化氮、可吸入颗粒物（PM_{10}）、细颗粒物（$PM_{2.5}$）等 6 项指标均达到国家二级标准，且综合质量逐年向好。2016—2019 年，连山县空气质量指数（AQI）达标天数在 343 到 361 天之间，优良率达 97.4%（表 3.1），在清远市综合指数排名中均位列第一。金子山距离县城 20 km 处，整个景区森林覆盖率 90% 以上，古树参天，森林茂密，自然生态环境好，空气清新。

表 3.1　连山县 2016—2019 年空气污染物年平均浓度

年份	二氧化硫 / ($\mu g/m^3$)	二氧化氮 / ($\mu g/m^3$)	可吸入颗粒物 / ($\mu g/m^3$)	细颗粒物 / ($\mu g/m^3$)	一氧化碳 / ($\mu g/m^3$)	臭氧 / ($\mu g/m^3$)	综合指数
2016	4	9	40	29	1.4	119	2.79
2017	8	11	36	25	1.6	118	2.77
2018	6	13	35	24	1.4	117	2.69
2019	7	14	33	23	1.2	118	2.64

3.2　水质优

连山县地表水环境质量总体良好，水质较优。连山县境内有大小河流 194 条，径流集水面积 1584 km^2，其中集水面积 100 km^2 以上的河流有 8 条，均发源于海拔高度在千米左右的高山，水质良好，分别为永丰水、沙田水、上草水、禾洞水、太保水、小三江水、上帅水和加田水。各类水库 25 座，其中中型水库 1 座，小 I 型 3 座，小Ⅱ型 21 座，总库容 0.54 亿 m^3。连山县境内河流呈放射状流向四方，分属珠江的西江、北江水系和长江的湘江水系。主要河流有大滩河，属西江水系 3 级支流，大滩河主要支流有沙田水和永丰水；上草水，属西江水系 3 级支流；太保水，属北江水系 3 级支流；绥江（支流有小三江水、上帅水和加田水，连山县境内河段称治平水），属北江水系 1 级支流；禾洞水，属湘江水系 3 级支流。2018—2019 年连山国省考断面（国家地表水考核断面和省地表水考核断面）水环境质量均达到Ⅱ类标准，3 个县级集中式饮用水水源水质监测数据均符合《地表水环境质量标准》Ⅱ类标准，达标率 100%。金子山地表水多为山泉水，无任何工业污染，水质清冽，富含稀有矿物质元素。

3.3　负氧离子浓度高

在金子山风景区内，布设有仪器型号为 AirV-200 负氧离子监测设备，仪器距离地面 1.5 m 左右，站点四周平坦空旷，与喷泉、瀑布、人群、交通干道等保持合理的距离，建站及测量规范符合相关的行业标准（《空气负（氧）离子浓度观测技术规范（LY/T 2586—2016）》《空气负（氧）离子浓度监测站点建设技术规范（LY/T 2587—2016）》），监测结果表明，金子山负氧离子浓度各月平均值处于 2954～5758 个 /cm^3，月平均值 3959 个 /cm^3，月极值处于 6427～32648 个 /cm^3，月平均极值 20485 个 /cm^3，金子山负氧离子浓度达到《空气负（氧）离子浓度等级》（QX / T 380-2017）I 级标准，负（氧）离子含量极高，堪称高山森林氧吧（表 3.2，图 3.1）。

表 3.2　连山县金子山站负氧离子浓度统计（单位：个 /cm³）

年份	月份	平均值	最大值
2019	7	2954	6427
	8	3519	9480
	9	3126	6265
	10	3955	21951
	11	3401	21951
	12	4208	20934
2020	1	4743	29113
	2	5511	32318
	3	4118	11766
	4	5758	18161
	5	3204	23505
	6	3798	28368
	7	3802	19970
	8	3800	32648
	9	3489	24423

图 3.1　金子山景区的负氧离子监测仪

3.4　生物多样性丰富

2018 年连山县森林覆盖率为 86.2%，全省县级城市排名第一。全县共有自然保护区6个，其中省级1个、市级5个。野生动植物资源呈多样性，维管植物丰富，调查记录到维管植物199科643属1347种（包括亚种与变种）分别占广东省维管植物7055种1645属280科的19.1%、39.1%和71.1%，并且还蕴藏着丰富的珍稀濒危植物物种，记录到国家重点保护植物15种，其中国家I级重点保护植物4种，国家二级重点保护植物11种。金子山位于连山壮族瑶族自治县国营连山林场巾子村省级生态公益林区内，动植物资源非常丰富，目前发现的野生动物有：山猪、黄猄、野兔、穿山甲、娃娃鱼、野鸡、鹧鸪、猫头鹰、芒鼠、白娴、岩鹰、麝鼠、刺猬、山羊等。野生植物有：莎椤、伯乐树、福建柏等，是一座天然的物种宝库（图3.2，图3.3）。

图3.2　柏乐树（国家一级保护植物）

图3.3　福建柏（国家二级保护植物）

第 4 章

金子山冰雪气候禀赋

金子山素有广东雪山、壮家雪乡之美誉。金子山的雪景，因为有松、石、云、泉、瀑的点缀，显得特别的美。金子山冰雪期，常形成了冰雪、雾凇、云海、阳光、蓝天交织在一起的美丽景观，树木因为冰雪成了琼枝玉叶，岩石因为冰雪变成了冰峰，山峰因为冰雪变成了广寒宫。笼罩在云海中的金子山白雪皑皑，银装素裹，分外妖娆，雾凇与冰凌构成一个冰雪的童话世界。雪压寒枝低，风卷林木啸，万籁寂静只闻雪。整座山宛如银装素裹的仙女，既是一朵盛开的雪莲，又像一条蜿蜒腾飞的玉龙。

4.1 冬季时间长

气候季节是根据气温状况来划分的季节，区别于固定时段的四季划分，能够反映一地实际的季节轮替。根据《气候季节划分》气象行业标准，连山县属于四季分明区。连山县常年 2 月 15 日入春，5 月 5 日春季结束，春季长度 80 d。1962—2019 年，春季开始日期最早为 1 月 1 日（2007 年、1987 年、2006 年等 9 年），最晚为 2 月 24 日（1977 年）。连山常年 5 月 6 日入夏，10 月 5 日夏季结束，夏季长度 153 d。1962—2017 年，夏季开始日期最早为 4 月 11 日（1991 年），最晚为 5 月 19 日（1982 年）。连山常年秋季开始日期为 10 月 6 日，结束日期为 12 月 5 日，秋季长度为 61 d。1962—2017 年，连山最早入秋日期为 9 月 15 日（1967 年），最晚入秋日期为 10 月 27 日（2006 年）。连山冬季常年自 12 月 6 日开始，于下一年 2 月 14 日结束，长度 71 d。1962—2017 年，连山冬季最早开始日期为 12 月 1 日（1977 年、2007 年），最晚开始日期为 12 月 28 日（1991 年）（表 4.1）。

表 4.1　连山县气候季节特征

	春季	夏季	秋季	冬季
最早起始日期	1 月 1 日 （2007 年等 9 年）	4 月 11 日 （1991 年）	9 月 15 日 （1967 年）	12 月 1 日 （1977 年、2007 年）

续表

	春季	夏季	秋季	冬季
最晚起始日期	2 月 24 日（1977 年）	5 月 19 日（1982 年）	10 月 27 日（2006 年）	12 月 28 日（1991 年）
平均起始日期	2 月 15 日	5 月 6 日	10 月 6 日	12 月 6 日
最短天数 /d	59（1977 年）	131（1971 年）	40（1962 年）	7（2007 年）
最长天数 /d	133（1980 年）	188（2006 年）	126（1986 年）	84（1962 年）
平均季节长度 /d	80	153	61	71

4.2　冷空气频繁

1962—2019 年连山县年均受中等强度（含）以上冷空气侵扰 13 次，2010 年侵扰次数最多，达 18 次，1963 年、1995 年、2015 年、2019 年四年最少，有 9 次，其中年均寒潮次数 1.7 次。从常年广东省中等强度及以上冷空气和寒潮平均次数排名来看，连山分别位列第四和第一（图 4.1，图 4.2，表 4.1）。

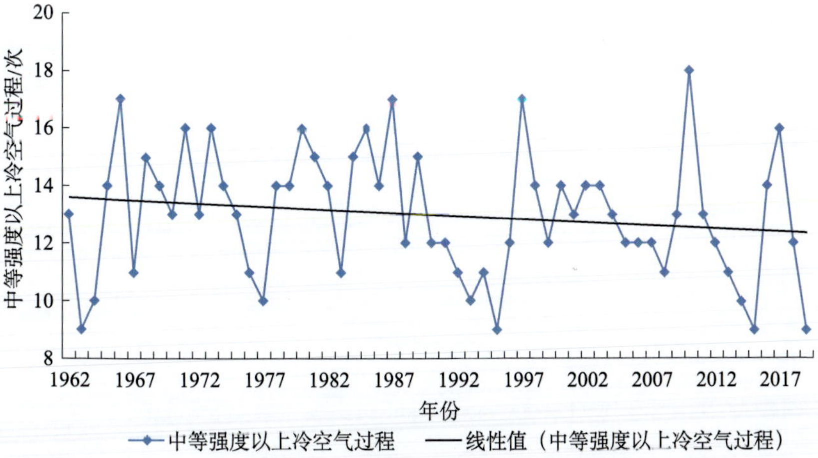

图 4.1　连山县中等强度以上冷空气次数年际变化

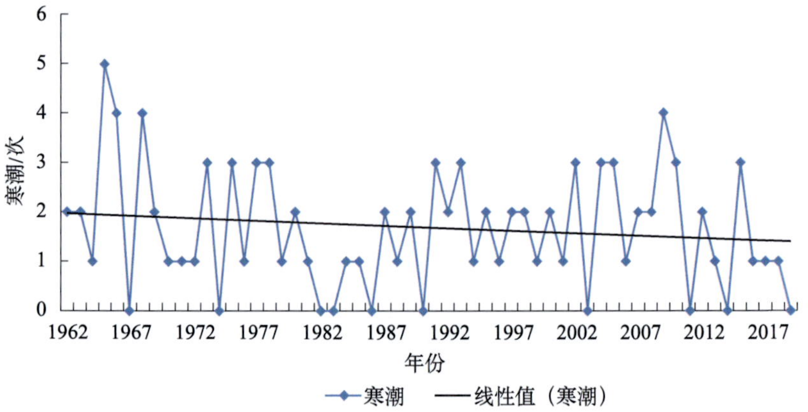

图 4.2　连山县寒潮次数年际变化

表 4.2　广东省常年中等强度以上冷空气及寒潮次数

站名	中等强度以上冷空气 / 次	排名	站名	寒潮 / 次	排名
阳山	13.5	1	连山	1.6	1
龙川	13.4	2	和平	1.3	2
郁南	13.4	2	连南	1.2	3
连南	13.3	3	南雄	1.2	3
连山	13.2	4	连州	1.1	5
连州	13	5	阳山	1	6
南雄	12.8	6	龙川	1	6
五华	12.8	6	兴宁	1	6
和平	12.7	7	连平	1	6
韶关	12.7	7	平远	0.9	10
兴宁	12.6	8	五华	0.8	11
平远	12.5	9	翁源	0.8	11
翁源	12.3	10	紫金	0.8	11
英德	12.3	10	始兴	0.8	11
罗定	12.2	11	蕉岭	0.7	15
德庆	12.2	11	新丰	0.7	15
乳源	12	12	韶关	0.6	17
连平	11.8	13	乳源	0.6	17
蕉岭	11.8	13	仁化	0.6	17

4.3　低温日数多

1981—2019 年连山县多年低温日数（日最低气温≤5 ℃的日数）介于 19～69 d，多年平均 40.3 d，全省排名第一，较广东省多年平均（9.4 d）多 30.9 d（表 4.3，图 4.3）。

表 4.3　1981—2019 年广东全省年低温日数排名

站名	低温日数 /d	排名
连山	40.3	1
始兴	32.5	2
南雄	30.9	3
连州	30.8	4
仁化	29.9	5
连南	29.8	6
和平	29	7
乐昌	28.8	8
乳源	26.6	9
新丰	24.9	10
韶关	24.4	11
平远	23.6	12
连平	23.2	13
翁源	22.3	14
龙门	20.3	15
紫金	20.3	15
阳山	19.6	17
兴宁	18.2	18
龙川	17.6	19

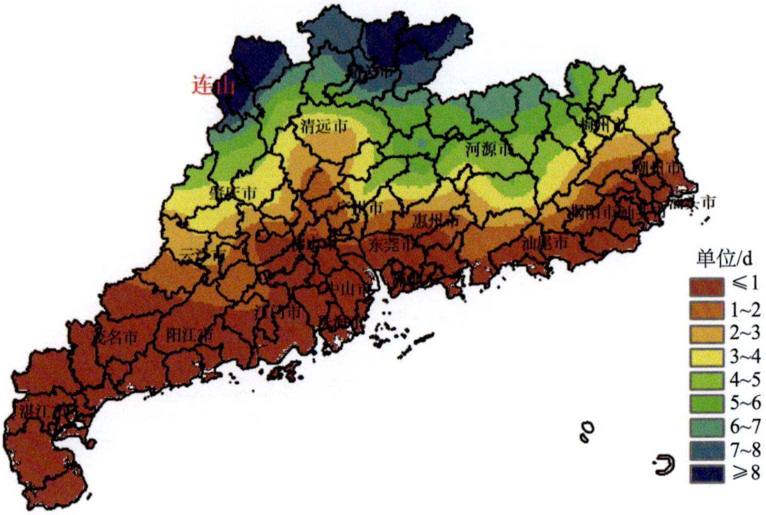

图 4.3　1981—2019 年广东省年低温日数空间分布图

自有气象记录以来，连山国家气象站记录到极端最低气温为 −6 ℃，在广东全省各站点极端最低气温排名中位列第五，根据气温海拔高度进行推算，金子山极端最低气温可达 −12.6 ℃（表 4.4，图 4.4）。

表 4.4　广东省历史极端最低气温排名

站名	历史极端最低气温 /℃	排名
梅县	−7.3	1
陆丰	−7	2
连州	−6.9	3
南雄	−6.2	4
连山	−6	5
始兴	−6	5
仁化	−5.4	7
连平	−5.4	7
新丰	−5.3	9
翁源	−5.1	10
连南	−4.8	11
紫金	−4.8	12
乐昌	−4.6	13
和平	−4.5	14
龙门	−4.4	15

续表

站名	历史极端最低气温 /℃	排名
韶关	−4.3	16
佛冈	−4.2	17
平远	−4.2	17
大埔	−4.2	17

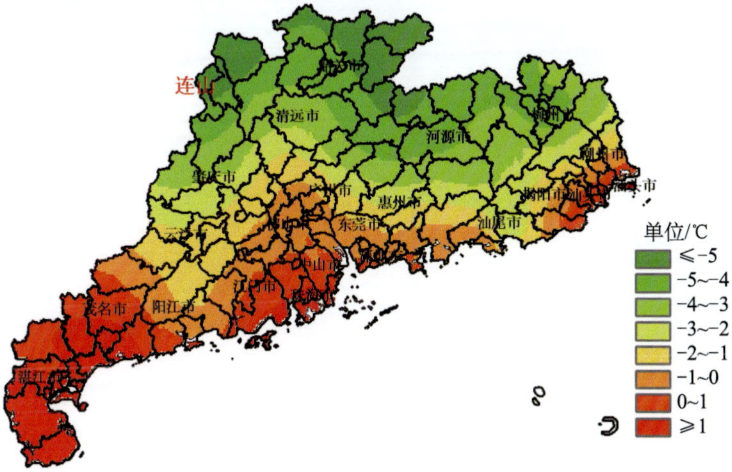

图 4.4　广东省历史极端最低气温空间分布

1981—2019 年连山县平均最低气温 15.5 ℃，是广东省多年平均最低气温最低区域，根据气温海拔梯度进行推算，金子山平均最低气温可达 8.9 ℃（图 4.5）。

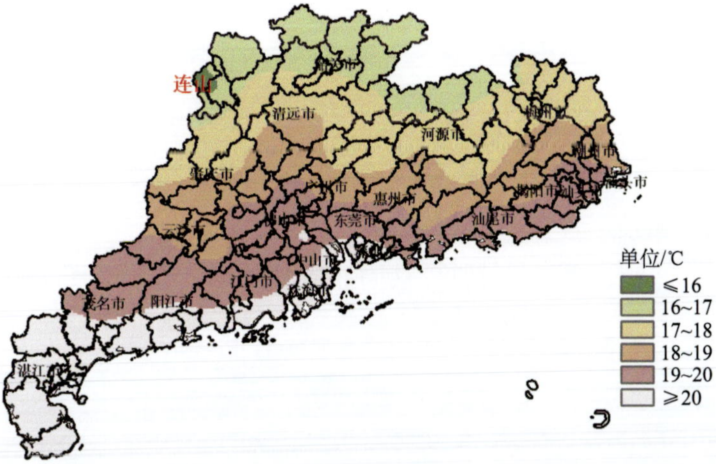

图 4.5　1981—2019 年广东省多年平均最低气温空间分布

2010—2019 年，基于连山国家气象站气温数据，根据气温海拔梯度进行推算，金子山山顶 0 ℃初日最早出现在 2016 年 11 月 24 日，终日最晚出现在 2012 年 2 月 28 日，平均有 17.5 d 处于 0 ℃以下，金子山 0 ℃线位于金子山海拔 1118.34 m 处（表 4.5）。

表 4.5 2010—2019 年 11 月到次年 2 月期间金子山 0 ℃初日、终日、日数

年份季节	初日（年－月－日）	终日（年－月－日）	日数 /d
2010 年冬季	2010-12-15	2011-02-16	42
2011 年冬季	2011-12-10	2012-02-28	25
2012 年冬季	2012-12-22	2013-02-10	16
2013 年冬季	2013-12-16	2014-02-20	28
2014 年冬季	2014-12-17	2015-02-05	9
2015 年冬季	2016-01-22	2016-02-15	13
2016 年冬季	2016-11-24	2017-02-25	6
2017 年冬季	2017-12-18	2018-02-07	19
2018 年冬季	2018-12-09	2019-02-23	13
2019 年冬季	2020-01-18	2020-02-16	4

4.4 霜冰雪天气现象多发

2010—2019 年连山国家气象站（海拔 300.6 m）记录到积雪天数 1 d，雪 1 d，雨夹雪 3 d，结霜天数 73 d，结冰天数 54 d。根据实地走访获得的第一手资料，金子山半山腰（约海拔 800 m）以上区域每年可见 1~2 次雪景，维持时间半天到两三天不等（表 4.6，图 4.6）。

表 4.6 2010—2019 年冬季初霜日、终霜日及霜日

年份季节	初霜日（年－月－日）	终霜日（年－月－日）	日数 /d
2010 年冬季	2010-12-09	2011-02-02	9

续表

年份季节	初霜日（年 - 月 - 日）	终霜日（年 - 月 - 日）	日数 /d
2011 年冬季	2011-12-04	2011-12-26	5
2012 年冬季	2012-12-24	2012-12-31	2
2013 年冬季	2013-12-20	2014-02-20	21
2014 年冬季	2014-12-18	2015-02-06	7
2015 年冬季	2016-02-06	2016-02-09	4
2016 年冬季	2016-12-30	2017-02-13	4
2017 年冬季	2017-12-18	2018-02-06	7
2018 年冬季	——	——	0
2019 年冬季	2019-12-03	2020-01-31	12

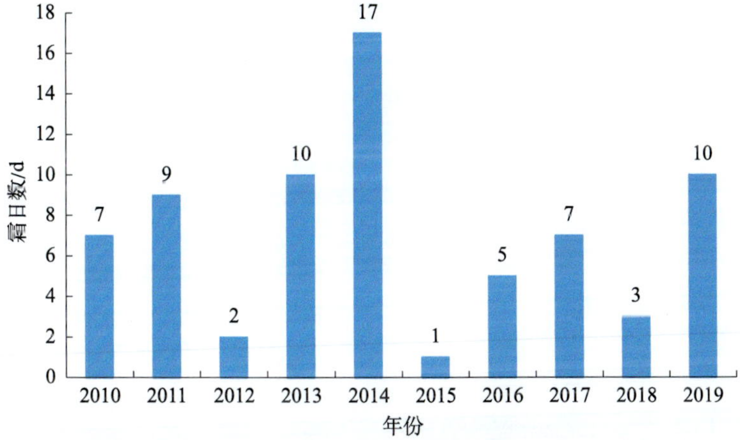

图 4.6　2010—2019 年连山县霜日数逐年变化

第 5 章 金子山冰雪景观

受独特高山气候影响，金子山拥有南方少有的冰雪资源。金子山冬春两季年年降雪，隆冬及初春季节，金子山漫山遍野均成雪原。

5.1 金子山雪景

大气中的水蒸气直接凝华或水滴直接凝固而成的就是雪。也可以说是云中的温度过低，小水滴结成冰晶，落到地面仍然是雪花时，就是下雪了。降雪形成条件：（1）大气中需含有较冷的冰晶核；（2）充分的水汽；（3）0 ℃（冰点）以下。如该冷空气相当强烈，并带着湿气，1 ℃至 10 ℃的气温同样可以降雪。连山县位于南岭地区，冷空气侵扰次数多，时间长，常与广东沿海的暖湿气流在此拉锯，降雪条件充足，金子山最高海拔 1417 m，属高寒山区，更易形成降雪，所以山顶每年均可见 1～2 次雪景（图 5.1）。

图 5.1　金子山雪景

5.2　金子山雾凇

雾凇又称树挂，是北方冬季经常可以见到的一种类似霜降的自然现象，是一种冰雪美景。它是雾中 0 ℃以下而尚未结冰的雾滴随风在树枝等物体上不断积聚冻黏的结果，表现为白色不透明的粒状结构沉积物。金子山海拔 1417 m，地处粤桂湘交界处，山上雾气大，经常出现云海奇观，遇上天气变冷，温度下降，雾就会凝结在树枝上结成冰，形成雾凇景观（图 5.2）。

5.2　金子山雾凇

5.3　金子山雨凇

过冷却的降水碰到温度等于或低于 0 ℃的物体表面时所形成玻璃状的透明或无光泽的表面粗糙的冰覆盖层，叫做雨凇，也叫冰凌、树凝，形成雨凇的雨称为冻雨。雨凇和雾凇的形成机制差不多，通常出现在阴天，多为冷雨产生，持续时间一般较长，日变化不很明显，昼夜均可产生。雨凇是在特定的天气背景下产生的降水现象。形成雨凇时的典型天气是微寒（0~3 ℃）且有雨，风力强、雾滴大，多在冷空气与暖空气交锋，而且暖空气势力较强的情况下才会发生（图 5.3）。

图 5.3　金子山雨凇

5.4　金子山冰瀑

冰瀑是因天气寒冷，水流到低于 0 ℃的地表后在岩石上冻结而形成的一种自然现象。沿着金子山登山路往上攀登，叠瀑就在旁边。由于气温降低，水花喷洒在树上、岩石上，加上天降的雪花，就积成冰，冰越积越厚，冰挂越拉越长，冰挂滴水形成了冰凌花（图 5.4）。

图 5.4　金子山冰瀑

第 6 章

金子山其他自然风光

金子山春可看山花烂漫，夏可观日出云海，秋可览三省风光，冬可赏罕见雾凇，是登高览胜、探险猎奇、避暑养生、休闲度假的绝佳去处。

6.1 金子山杜鹃

金子山杜鹃花最密集分布点在天梯以上，站在天梯往两边看，可见满山满谷，红色、粉色、紫色、白色的杜鹃花此起彼伏、竞相开放。娇美的花朵与山中的奇峰异石两相映衬，更是各显风姿（图 6.1）。

杜鹃花盛开的季节，金子山下的壮瑶村寨青年按照传统习俗，也会相约上山赏花、对歌传情。漫山遍野的杜鹃花、纯朴的壮瑶青年、古老的对歌谈情，吸引了众多游客围观。

图 6.1 金子山杜鹃花

6.2　皇后峰

据明史记载，明孝宗生母李唐妹，是连山永和镇人。因为有皇后娘传说故事，金子山也有了堪称中国一绝的天然人体山体景观“皇后峰”。人体山体景观“皇后峰”相传为明孝宗生母，大明皇太后李唐妹的化身，化作山脉永远躺在故乡的怀抱。景区内现存有皇后井和明朝摩岩石刻为证。在山下可以看到，皇后峰的头部五官俱全，形态栩栩如生，身材饱满丰实，修长美丽（图 6.2）。

图 6.2　金子山山体景观“皇后峰”

6.3 仙人醉酒

图 6.3 金子山山体景观“仙人醉酒”

“皇后峰”及与之相对应的人体景观是“仙翁醉酒”。金子山泉林飞瀑，树木葱茏，好的美景不但吸引凡间人，也吸引了天上的神仙。天上有个神仙，他来到金子山的上空，纵身一跃，来到山顶。神仙拿出玉皇大帝赐给他的美酒，美滋滋地喝了起来。花香让这名神仙贪起了杯，一会儿就喝醉了。

天上一天，人间百年。神仙这一觉睡了五百年，醒来时发现已经错过了上天庭的时机，见人间美丽繁华，大仙就动了凡念，干脆不回天庭，就躺在山上欣赏人间美景。上千年过去了，大仙渐渐与山融为一体，形成了“仙人醉酒”景观（图 6.3）。

6.4 流云飞瀑

金子山半山腰有一挂飞瀑，水从山顶的乱石堆中飞流直下，几十多米高，水花飞溅起来，像纷纷扬扬的细雨，在空中飘洒，瀑布激起的水花，如雨雾般腾空而上，随风飘飞，漫天浮游，形成了“金山瀑布遥相望，回崖沓嶂凌苍苍。今古长如白练飞，一条界破青山色”的美景（图 6.4）。

图 6.4　金子山飞瀑

6.5 云海蓬莱

金子山因湿度大、水汽多，雨后常见缕缕轻雾，全年平均有雾天 200 d 左右，真可称得上为云雾之山，云海蓬莱仙境。每到春秋两季，金子山顶经常会出现云海奇观，瑰丽壮观，变幻无穷，云海或聚散山顶，排山倒海；或卧浮少动，五彩璀璨。故有“天上神仙之宅，地下皇后之府”之说（图 6.5）。

6.6 壮家竹海

来到金子山，经山脚下登山时，要经过一片毛竹林，毛竹林非常具有壮家竹乡特色，毛竹茂密挺拔，青翠欲滴，直上云宵。一年四季翠绿，不与群芳争艳的细细叶，疏疏的节；雪压不倒，风吹不折。一到春天，春笋满山谷（图 6.6）。

图 6.5　金子山云海

图 6.6　金子山壮家竹海

6.7 春风桃花

金子山拥有山桃花景观，有淡红的碧桃、深红的绛桃、粉红的寸桃、晶莹如雪的白桃。每到春节后的农历二月天，红的、粉红、洁白的花朵开得漫山遍野，交织在绿色的原野，淡淡的花香扑鼻而来。桃之夭夭，灼灼其华，漫山遍野，灿若红云，娇似彩霞，姹紫嫣红。

长恨春归无觅处，不知转入此中来。走进桃花园，忽逢桃花林，夹岸数百步，中无杂树，落英缤纷。陶渊明笔下的世外桃源美景就出现在金子山（图 6.7）。

图 6.7　金子山桃花

6.8 童子拜芙蓉

金子山的对面，是莽莽苍苍的芙蓉山，据说里面住着有芙蓉仙子，引来无数壮家男子倾心。在金子山这边，有一块石头长得像一个正处于情窦初开年龄的少年，他立在悬崖峭壁上，身材高挑，玉树临风，风度翩翩。石头上头部与身子清晰地分开，由两块石头组成的。这名童子的头部戴着纶巾，也像羽扇纶巾的孔明先生；身子立在松涛之间。整块石头构成了一个风华绝代、才华横溢的少年童子，他眺望着芙蓉山峰，想念着芙蓉仙子。期待有一天能够相逢，从此胜却人间无数（图 6.8）。

图 6.8　金子山山体景观“童子拜芙蓉”

6.9　秋山红叶

诗句中的“秋山映霞一川红，村外叶落漫山枫，忽如一夜风霜降，犹似画上粉墨倾”的真实写照就在这里。走进枫树林，人们可以踏着落下的枫叶，抬头欣赏那红黄相间的枫叶。微风吹过，枫树上又会落下一片片叶子，被漫天的枫叶包围着的感觉非常美妙（图 6.9）。

图 6.9　金子山红枫叶

第 7 章

金子山旅游配套服务

金子山景区景点设施占地面积2880亩，总投资为2.4亿元。包括：登山步道、凉亭、观景台等游览设施，游客中心及广场；乡村度假旅馆；农家菜馆；高山泳池、趣味烧烤场；娃娃鱼生态园，壮瑶风情探秘村（包括壮瑶民风习俗用品展馆，风情演艺厅、农家体验园），是粤湘桂三省（区）边界风光游的必经之地（图7.1）。登高可尽览粤湘桂三省（区）边城风光，是三省（区）自驾车游接待基地、观光览胜、探险猎奇、避暑疗养、度假休闲、科学生态旅游功能为一身的综合性休闲旅游度假景区。

图7.1 金子山旅游导览图

7.1　旅游服务项目

7.1.1　高空索道

图 7.2　金子山高空索道

金子山索道总投资约4000万元，于2017年10月8日开工建设，2020年8月竣工，并用了2个多月的时间对索道工程技术指标和安全指标进行了反复调试和测试，经国家索道索检中心严格检测，全部运行指标符合国际设立标准，顺利通过验收，于2020年10月1日投入运营。金子山索道采用法国玻玛索道设备，是世界顶级双回路循环式配置六人车厢式索道，全长1300 m，垂直高差60 m，线路支架12个，最高运行速度4 m/s，单程运行时间约12分钟，是国际先进的客运索道设备。作为岭南第一险峰的金子山，地势险要，风景绝美，拥有其独特的资源优势，秋天金子山云海奇观较为频繁。乘坐在舒适的索道里，缓缓攀升，可以触摸云层跨越险峰，俯瞰绝美的云海，索道之上美景尽收眼底（图7.2）。

7.1.2 云石天梯

金子山半山腰有一段长500多米、阶梯2000多级、坡度80°，几乎垂直悬挂在山上的天梯（图7.3）。走过天梯，就到了通天楼门，经过通天楼门就到了仙境。一座丹石绵砌的通天楼门巍然屹立，紫气腾升，彩霞满天，流光溢彩。一只凤凰停落在天门的石柱上，依恋着这美丽的仙境留连忘返，久久不肯离去，一停就是几千年。再往上攀登一段，就到山顶，山顶如同天宫，四处云雾缥缈，三大主峰高耸入云，气势磅礴。云雾飘过后，雄伟壮观的悬崖峭壁就在脚下。登峰眺望，远山如黛，婀娜多姿，云蒸霞蔚，仙雾缥渺，美妙无比！

图 7.3　金子山天梯

7.1.3　玻璃廊桥

观景廊桥环绕顶峰的四周而建，悬空建在悬崖绝壁上，距离山谷底的高度达 600 m 以上，廊桥的总长度达 300 m 以上，高空中看去，绵长的玻璃长廊，宛如一条巨龙，蜿蜒盘旋在山峰之巅，随时准备着腾云冲天。玻璃观景平台从峰顶悬空伸出去，平台下面同样悬崖绝壁，整个平台面积达 60 m^2 以上，距离谷底的距离同样在 600 m 以上，脚踏千米悬空玻璃平台。金子山素以天梯而著名，原来的通天天梯是用石头建成的。而最高峰的天梯则将用玻璃建成，是国内首个玻璃天梯。玻璃天梯总长 100 多米，连通登山栈道，直达峰顶。国内所有玻璃桥、玻璃观景廊、玻璃观景台都是水平的，而金子山的玻璃天梯则是楼梯型的。游客从海拔 1300 多米的高度沿玻璃天梯上到 1417 m 的玻璃观景平台（图 7.4，图 7.5）。

图 7.4　金子山玻璃廊桥

图 7.5　金子山玻璃观景平台

7.2 交通设施条件

连山县内交通较为完善，区域对外交通主要由高速公路和干线公路承担。国道 G323 线自东向西贯穿县境太保、吉田、永和 3 镇，东进连南与清连高速公路连接，西出鹰扬关可达广西贺州、桂林；县域内二广高速公路 2014 年底正式竣工通车，连山段起于与连南县三江镇交界处，路线从北向南经连山县鹿鸣关、太保镇、竹盖山高山区，连山城、茅田界高山区、福堂镇、抛石界高山区，止于小三江镇（图 7.6）。打通了“三连”地区特别是连山通往广州和珠三角的快速通道，拉近了“三连”地区与粤西、湘西南、桂东北的时空距离，加快了连山地区融入珠三角，接受粤港澳大湾区的经济辐射，从县城出发 3 小时可达广州，2 小时达佛山，连山将融入珠三角两小时生活圈，带来旅游发展的“高速时代”。县道 X399 线由禾洞直达湖南江华、长沙。2015 年底，连山县通车总里程达到 1277.3 km，公路密度达到 101.0 km/100 km^2，实现了村村通公路的目标。

图 7.6　二广高速连山段

连山金子山景区距县城 20 km，清连高速，二广高速均可以快速抵达。其中二广高速最为便捷，连山出口下高速，往县城方向行驶，沿途有金子山路牌。

自驾车路线：1：广州→广清高速→清连高速（连南 / 连山出口）→二广高速→连山出口——金子山，全程大约 280 km，大概需要 3 个半小时路程；2：广州→西二环→广三高速→二广高速广东段（G55）怀集方向→二广高速连州、永州方向在连山出口→金子山，全程约 4 小时路程。

7.3　住宿接待条件

7.3.1　森林雪谷度假木屋

金子山森林雪谷度假木屋位于金子山山腰，海拔 700 多米，房子全为木头别墅型构造，按照古老的壮瑶风情村寨来设计建设，具有浓郁的民族风情。

度假村以森林与冰雪为主题，专门在房子内外设置了雪景观赏楼阁，里面的装饰纳入冰雪内涵与景观，外面则种植松树、毛竹，以便形成雾凇景观。房子周边设置了小喷泉与溪流，一到冬天冰雪期，就会形成冰瀑、冰凌奇观。度假木屋还配备了有着几千年历史文化的壮瑶药浴房。

森林雪谷度假村房间设置温馨，设施全都为竹木结构。度假村以森林与冰雪为主题，一栋栋木楼坐落于青山绿水之间，透过像墙壁那样大的落地玻璃窗，外面的青山扑入眼帘，秀气的竹子与翠绿的树木伸到了鼻子下面。推开木门，走到阳台，放眼望去，秀木成林，山青茶香，瀑布成群，竹涛阵阵，万花舞莺，气息怡人。深深地呼吸一口负离子含量20000多个/cm^3的纯净空气，心里顿觉心旷神怡（图7.7）。

图 7.7　森林雪谷度假木屋

7.3.2　龙山花园酒店

龙山花园酒店位于连山县城，距离金子山车程 30 分钟，为国家三星级酒店，依河边而建，交通便利，坐南朝北，视野开阔，放眼周围青山绿水，风景优美，置身其中令人心旷神怡。酒店配套服务设施齐全，拥有舒适的客房、商务中心、中餐厅、多功能宴会厅等，为商务、休闲、度假游客和团队提供舒适的一体化服务（图 7.8）。

图 7.8　龙山花园酒店

7.3.3　主要酒店列表

见表 7.1。

表 7.1　连山县旅游接待主要酒店

序号	酒店名称	地址	服务项目
1	迎宾大酒店	吉田镇勤政路（原县政府招待所）	住宿、餐饮
2	民族度假村	县政府办公大楼旁	大型人工湖、网球场、篮球场、住宿、民族风情及民族小食
3	民族宾馆	吉田镇金山路	住宿、民族风情餐

续表

序号	酒店名称	地址	服务项目
4	名都大酒店	吉田镇金山路	住宿、餐饮
5	金都大酒店	吉田镇鹿鸣中路（县汽车站旁）	住宿、餐饮
6	鹰扬酒店	吉田镇双龙路	住宿
7	连山宾馆	吉田镇金山路	住宿
8	连山酒家	吉田镇金山路	饮食
9	外婆家宾馆	吉田镇沿江路建设银行旁边	住宿
10	鸿源商务酒店	吉田镇广德大道如景花苑附属楼	住宿
11	光辉商务酒店	吉田镇鹿鸣东路东出口	住宿
12	南门食府	吉田镇上吉南路南门市场 2 楼	饮食
13	龙山花园酒店	吉田镇鹿鸣东路龙山花园	住宿、餐饮
14	江景酒店	吉田镇滨江东路如景花苑东侧	住宿

7.4 深山壮瑶美食

有隆重的外表，不用大量的作料，农家菜要体现的正是原汁原味，尽管“土”，但是现在很多农家菜都让人耳目一新。黄鳝炖草鸡取名“龙凤炖”；玉米、山芋、南瓜等一起蒸熟，叫“五谷丰登”；蒸熟的山芋裹上奶油炸成金黄色的美其名曰“黄金万两”；“珍珠藏在琥珀中”其实就是鸡头米和黑木耳、红枣一起炖汤……众多取名奇妙的农家菜让来品尝美味的食客们赞叹不已（图 7.9）。

7.4.1 金子山走地鸡

金子山土鸡因地域、饲养方法（完全放养在竹林中喝露水吃小虫）等原因肉嫩、细滑而自古有名，以皮色金黄、肉质嫩滑、皮爽、骨软、肉鲜红味美、风味独特而驰名，深受广大游客喜爱（图 7.10）。

图 7.9　金子山美食

图 7.10　金子山走地鸡

7.4.2　盘王腊肉

连山有着独特的壮族风情，是广东唯一的壮瑶风情县。由于地处崇山峻岭之中，外出不方便，壮瑶人家一到冬天都有自制腊肉、腊肠的习俗。其中瑶族的盘王腊肉与壮族的熏肉最具历史和特色。俗话说：“南岭无山不有瑶。”千百年来，此处的盘王后裔赖以生存的地盘是莽莽青山、陡坡与峡谷，望天田土也是寥寥无几，黍菽、小米、旱禾，终年糊不上口，乃狩猎山兽略补食用。每次所猎山兽分食有余，

图 7.11　金子山盘王腊肉

则腌渍处理并悬挂于火炉头上，让火燎烟熏使之不断干化，以备日后食用之需，谓之熏（或烘）腊肉。所熏烘的动物头身，从前皆是猎获的飞禽走兽，往后逐渐演化为庭院饲养的生猪与家禽，以致专取所宰生猪肥瘦适量的精肉。历代相传以此法制作腊肉，系盘王首创，故名盘王腊肉（图 7.11）。

7.4.3 金子山蔬菜

秋冬季节，金子山昼夜温差大的特殊气候，使种植出来的蔬菜比其他地区菜心更清甜、更细嫩、更爽口汁多。经霜打后的蔬菜，味道更是爽甜（图 7.12）。

7.4.4 山坑鱼仔

金子山的山坑鱼之所以倍受游客们青睐，是因为这些鱼仔生长在没有受到任何污染，水质上好的高山溪流处，在这些地方生长的鱼当地人爱称为山坑鱼。连山县多山且水质极好，因此，这里产出的山坑鱼也非常有名。尤以产自金子山山脉溪流的鱼仔为佳（图 7.13）。

图 7.12　金子山农家蔬菜

图 7.13　金子山山坑鱼仔

7.4.5　青翠春笋

深山一夜淋春雨，明朝帮笋冒出头。广东连山壮族瑶族自治县森林覆盖率达到 86.1%，拥有许多竹海，其中金子山就有一片青翠欲滴、波澜起伏的竹海，一场春雨过后，春笋满山谷。久居城市的游客整天面对电脑电视，需要户外体力劳动来缓解压力。背着竹篓，挎着篮子摘野菜、挖竹笋的时光是多少人童年的欢乐时光，自己摘的东西永远是最香的，让人回味无穷的（图 7.14）。

图 7.14　金子山春笋

7.4.6　碧绿野菜

每到春季，金子山下的壮民就要荷锄背篓上山挖春笋、摘野菜（图 7.15）、赏春花，将春笋与野菜带回家做壮族糍粑。春笋配酸菜炒好来做包糍，艾叶捣碎榨汁与糯米、红糖一起做艾糍，糯米蒸熟后，与野菜一起放在米碓里不断拍打，做成麻糍。这个季节的壮族人家，家家户户做糍粑过节，预兆开耕顺利，来年丰收。壮族的家长身披蓑衣，头戴笠帽，卷上裤腿，光着脚板，捧一碗糍粑，向田野祝愿“开耕顺利，全年丰收”。

图 7.15　金子山山间野菜

7.5　景区特色活动

7.5.1　粤桂湘登山节

连山壮族瑶族自治县隶属广东省清远市，地处南岭五岭之一的萌诸山脉之中，位于粤、湘、桂三省（区）结合部，三省（区）结合部都以壮瑶民族居民为多，在历史、文化、民俗、服饰、语言、民间艺术、传统节日等方面有着自古以来的相通性与相似性。随着经济的发展，交通条件的完善，三省（区）结合部的经济、文化、旅游方面的交流日益增多，成为了游览粤湘桂边城旅游的热门目的地。为加强粤湘桂民间体育交流、文化交流，促进边城旅游经济发展，2017 年和 2018 年粤湘桂登山节均选在广东连山县金子山进行（图 7.16）。

图 7.16　粤桂湘登山节场景图

7.5.2　壮家戏水节

农历七月初七这一节日，连山的壮家人称为“七月香”，相传这一天银河的圣水会流到人间，与人间的溪河勾连并流，使得连山溪河里的水变得特别清凉、洁净和神圣。久而久之，每到这一天，连山壮家人不论男女老幼都要相聚溪河，洗头沐浴、耍水嬉戏，祈求无疾无痛、健康长寿（图 7.17）。

图 7.17　七月七“壮家戏水”

7.5.3　壮瑶民俗大年

连山县金子山有着浓郁的壮瑶大年习俗，每年春节将举办过壮瑶民俗大年的传统活动（图 7.18）。

连山壮家人春节有敲年锣的习俗，春节期间，在小文化广场挂好年锣，并悬挂有敲年锣习俗的文字，让游客一起来参加这个活动，体验壮家春节年俗（图 7.19）。

金子山壮家人春节都有舞春牛、鞭春牛习俗，现场的游客可以抚摸春牛，从牛头摸到牛尾，每摸一处，壮族阿爹都有唱词："摸摸牛头摸牛身，风调雨顺好耕耘；摸摸牛头摸牛脚，唔愁吃来唔愁着。"唱词内容朴实，曲调深沉，感情真挚，教育大家要爱护耕牛，勤耕勤种，游客还用鞭子来打春牛，意蕴打掉懒惰，让人变得勤奋（图 7.20）。

图 7.18　壮瑶民俗大年

图 7.19　敲年锣

图 7.20　舞春牛

勤劳勇敢智慧的壮家人在劳作之余，利用劳动工具的扁担与休息的凳子打成了壮家著名的“打春堂”，游客来玩“打春堂”，在娱乐时体验壮家春节民俗，收获五谷丰登的喜庆祝福（图 7.21）。

图 7.21　打春堂

热情好客，是壮瑶族人民的良好品质，“进屋即是客”是连山壮瑶族人民世代沿袭下来的古朴民风，过壮瑶大年，当然离不开壮瑶美食，金子山推出的众多瑶族特色美食包括：瑶族自制豆腐，瑶族制作腊肉、熏肉及酢肉，糍粑，油茶，荷叶粉蒸肉，瑶家野菜，瑶家十八酿，还有色、味、香俱全的壮族五色饭、糍粑、油堆和沙糕，为典型壮家年宴菜肴（图 7.22）。

图 7.22　壮家年宴

第 8 章

金子山未来发展规划

金子山是集大山森林旅游、登山徒步、祈福许愿、观光揽胜、康体养生、运动休闲、探险猎奇、科普生态及三省（区）自驾车游接待基地为一体的综合性旅游度假景区。也是壮瑶族民间广泛崇奉的神山，被国家旅游局评为国家 AAAA 级旅游景区，目前正在创建 5A 级景区。

金子山景区由连山壮族瑶族自治县天之源旅游投资开发有限公司投资开发并实施经营管理，景区所在地为广东省连山林场巾子村委会，占地面积 2880 亩，景区主管部门为清远市连山壮族瑶族自治县文化广电旅游体育局。该景区于 2006 年 12 月经连山发改局立项，历经 3 年建设，于 2009 年 10 月对外营业。2012 年年底被评为国家 3A 景区。2018 年 11 月被评为国家 4A 景区。目前累计总投资 15050 万元，其中，2017 年前完成投资 6280 万元；2018 年后增加投资 3950 万元；2019 年后投资 2610 万元，2020 年投入 2210 万元。

当前金子山已经完工项目有：①登山步道及凉亭、观景台等游览设施；②生态停车场、生态厕所；③玻璃桥；④玻璃天梯；⑤登山步道升级改造；⑥悬崖秋千；⑦滑道；⑧度假木屋别墅；⑨金子山山货街；⑩二期餐厅；⑪ 缆车；⑫ 完成 35 个景点的开发。正在建设项目有：①二期生态停车场；②游泳池；③新度假木屋别墅；④山顶休闲吧；⑤元宝广场等。

未来三年计划建设如下项目：

（1）壮瑶风情小镇：艺术、健身、养生的功能，温馨的主题街区、古老的作坊、典雅的客栈、特色酒吧，分别是壮族风情寨和瑶族风情寨，计划投资 2000 万元。

（2）金元宝广场：计划投资 1000 万元。

（3）明代古庙复建：将古庙复建，开发成为集文化、展示、民俗、祈福、求财、财神系列活动、财富高端论坛举办地为主体的综合性文化旅游景区，计划投资 1.5 亿元。

（4）森林度假酒店：建设 10 层高，600 m^2/ 每层，共 6000 m^2，计划投资 6000 万元。

（5）房车露营基地：建设一个 2000 m^2 的房车露营基地，计划投资 1000 万元。

（6）梯田温泉度假村，计划投资 6000 万元。

（7）森林高山别墅 10 栋，计划投资 3000 万元。

（8）高档森林别墅 100 栋，计划投资 2.3 亿元。

（9）壮瑶风情创意文化演出，计划投资 2000 万元。

（10）低空飞行：5~8 架低空飞行器，计划投资 1.8 亿元。

（11）急救中心：因现有的医疗站过于简单，医疗设备不齐全，拟将目前的医疗站升级为急救中心，计划投资 2000 万元。

（12）高尔夫球场：建设一个面积约为 4000 m^2，计划投资 1 亿元。

（13）山泉水生产厂：在景区建设一个山泉水生产基地，有属于自己的生产车间，形成自有品牌，计划投资 300 万元。

所有项目共计划投资金额 8.93 亿元，第一年计划投资 4 亿元，第二年计划投资 3.5 亿元，第三年计划投资 1.43 亿元。

近三年来，景区游客保持稳定增长，在 2019 年景区游玩人数达到了 52.64 万人次，景区收入得到持续的增长。上述各大项目上马后，会给连山带来显著的社会与经济效益：①推动金子山创建国家 5A 级景区，已在 2018 年成功申报 4A 景区，拟在未来申报国家 5A 景区；②促进天之源旅游投资发展公司成为广东十大旅游集团公司；③让连山成为广东新兴的旅游目的地与全域旅游目的地，实现由过去的连山"输血扶贫"为今后的"造血扶贫"；④全面带动连山的第三产业发展，形成现代旅游产业链条。能够有力带动连山的游、玩、吃、住、娱、购，搭建完善的旅游产业链条，实现连山食宿、购物、交通等经济收入 5000 万元；⑤带动当地村民就业，增加村民收入。项目上马后创建工作岗位 500 个，带动当地村民就业 300 人；⑥提升价值效应。旅游产业的发展将会为这一地区带来价值提升效应、品牌效应、生态效应、幸福价值效应。旅游在带动目的地消费、GDP、就业增长的同时，还带来了农民与居民收入高效提升、文化品牌价值、环境生态价值、和谐社会建设等一系列良性社会经济效应。

第 9 章 讨论建议

金子山位于广东连山县辖区内，地处南岭五岭之一的萌诸山脉，海拔 1417 m，整座山怪石嶙峋、巨石林立、悬崖横亘。金子山气候处于中亚热带和南亚热带的过渡带，独特的气候资源和地貌条件造就了金子山优美的自然景观，四周群山环抱，山上植被为原始次生林，峡谷四周山峦起伏多变，动植物种类丰富，品种众多，生态环境优越。得天独厚的气候、生态、地貌条件及民族风俗文化为金子山赏雪、避暑等旅游观光发展奠定了坚实的基础。

1. 气候禀赋优越，冰雪景观丰富。金子山所在地连山县位处南岭山脉西南麓，是粤北的天然生态屏障。季风气候明显，四季分明，夏凉秋爽，冬雪春润，小风多，昼夜温差大；雨量充沛，微风和煦，日照温和，气候风险整体相对较低，防御体系完善。金子山冬季长，冷空气频繁，低温日数多，多年平均 0 ℃以下日数达 17.5 d，冰、雪、霜、雾凇、雨凇等天气现象日数多，每年均可见冰雪景观，拥有岭南地区少见的气候景观，是绝佳的赏雪胜地。

2. 生态环境优良，空气清新富氧。金子山景区生物多样性丰富，拥有完好的原始森林群落、珍稀的野生动物，森林覆盖率高达 90%，空气清新、水质纯净，负（氧）离子含量极高，月平均浓度达 3959 个 /cm^3，优于《空气负（氧）离子浓度等级》（QX/T 380-2017）Ⅰ级标准。金子山所在地连山县是国家重点生态功能区、省定生态发展区，国家重点保护珍稀动植物品种繁多，生态资源丰富，生物多样性良好。空气质量优良，优良率达 97.4%，污染物浓度均达到国家二级标准；国省考断面水质达国家Ⅱ类水标准。

3. 自然风光优美，四季风景独具特色。金子山山形奇特、雄伟，以“险、奇、秀、幽”著称，被称为岭南险峰、南粤小华山；古树谷内古树参天，郁郁葱葱，翠竹连绵；金子山泉水汩汩，涧水潺潺，枫柏染红，奇花漫岭，拥有独特的高山、森林、竹海、山花、奇石、云海、冰雪、瀑布等景观，春可赏杜鹃、夏可避酷暑、秋可观云海、冬可玩冰雪。

4. 配套服务完善，游玩项目齐全。金子山拥有高空索道、云石天梯、玻璃廊桥、滑道等游玩设施，游玩项目齐全，交通便利，住宿条件良好，壮瑶美食风味独特，景区活动丰富多彩，民族风情浓郁，配套服务完善，能满足观光揽胜、探险猎奇、避暑疗养、度假休闲、科学生态旅游、三省（区）自驾车游接待等功能需求。

建议连山壮族瑶族自治县人民政府和金子山风景区进一步聚焦粤港澳大湾区旅游市场，加大“连山金子山 · 岭南赏雪胜地”宣传力度，让金子山“广东雪山”“壮家雪乡”的美誉家喻户晓，推动连山县全域旅游经济发展，其次是科学统筹规划县域生态旅游产业发展布局，不断完善生态气候旅游服务配套设施，并且进一步完善地方生态气象监测预警网络，搭建生态气象监测信息处理和管理平台，最大限度避免和减轻气象灾害及气象因素引发的次生、衍生灾害给旅游行业带来的损失，切实保障人民生命财产安全。

建议广东省气象学会授予连山金子山“岭南赏雪胜地”称号。

参考文献

国家环境保护总局，2002. 地表水环境质量标准：GB/T 3838—2002［S］. 北京：中国环境科学出版社.

环境保护部，2012. 环境空气质量标准：GB 3095-2012［S］. 北京：中国环境科学出版社.

中国气象局，2012. 气候季节划分：QX/T 152—2012［S］. 北京：气象出版社.

中国气象局，2017. 空气负（氧）离子浓度等级：QX/T 380—2017［S］. 北京：气象出版社.

中国气象局大气探测技术中心，湖北省气象局，江苏省气象局，等，2007. 地面气象观测规范第 4 部分：天气现象观测：QX/T 48-2007［S］. 北京：气象出版社.

附录

A　气象数据

连山县气象观测站有 20 个，其中国家站 1 个，观测时间序列 50 年（1962—2019 年），区域自动气象站 19 个，时间为 2010—2019 年（10 年），见附图 1。广东省 86 个国家站气象观测数据，气象要素为气温、雨量、相对湿度、日照、风速、气压等，观测数据均经过质量控制。

因金子山两个区域自动站 2019 年才建站，气象数据资料有限，因此，气候特征使用能够代表该地域气候特征的参证气象站（连山国家气象站）的气象资料代替，金子山气温特征根据连山各区域站反演的气温海拔梯度差进行推算。

B　其他数据

环境数据由官方网站发布的年、月环境质量报告、空气质量月报、地表水水环境公告查询以及清远市生态环境局连山分局提供。

林业数据由网站发布的年度国民经济和社会发展统计公报以及其他信息查询和连山林业局提供。

旅游数据及图片由网站发布的信息查询以及连山文化广电旅游体育局提供。

综合数据由广东省农村统计年鉴查询。

网站发布的信息因无法核实其真实性、准确性，故仅供参考。

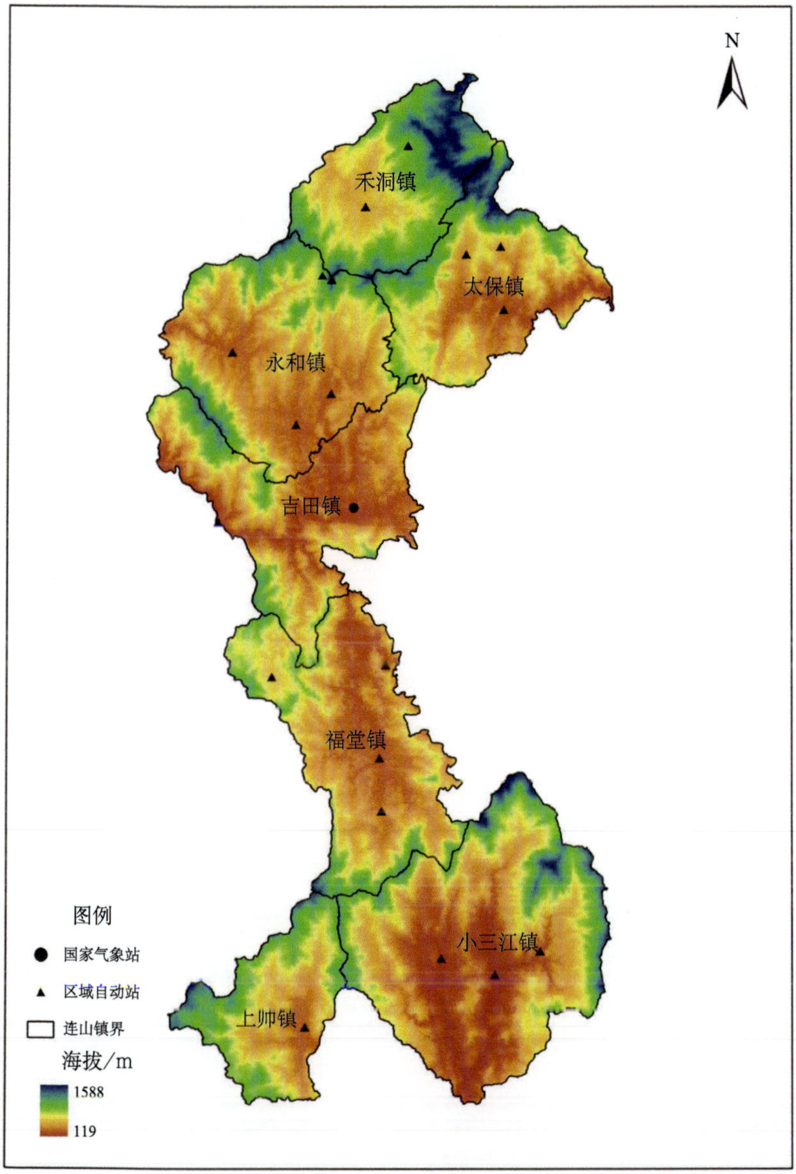

附图 1　连山壮族瑶族自治县气象观测站点分布

C 计算方法

（1）常年值、多年平均值

变量 x 的常年值或多年平均值计算见式：

$$\bar{x}=\frac{1}{n}\times\sum_{i=1}^{n}x_i$$

式中：

$\bar{x}$——常年值或多年平均值；

i——年序号，i=1，2，…，n；

n——资料年数，常年值 n 取 30，多年平均值 n 取所需计算的年数；

x_i——第 i 年的值。

（2）初（终）霜（或 0 ℃）日指当年冬季第 1 次（最后 1 次）出现霜（或 0 ℃）的日期；平均初（终）霜（或 0 ℃）日指统计年份初（终）霜（或 0 ℃）日的日期平均，通过指定 1 个日期，将统计年份的初（终）霜（或 0 ℃）日期距离此日期的天数进行平均，然后在此日期加上平均天数，即为初（终）霜（或 0 ℃）日的平均日期。